生き物が大人になるまで

「成長」をめぐる生物学

稲垣栄洋

大和書房

生き物が
大人になるまで

「成長」をめぐる
生物学

◆

目次

第3章 「ふつう」ってなんだろう

第4章 成長の計り方

第5章

成長する力は、どこにある？

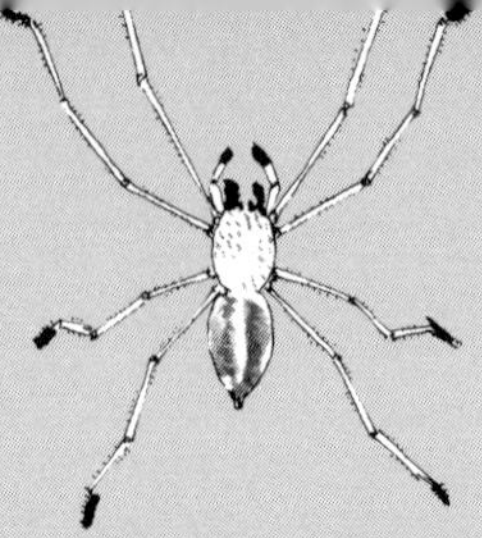

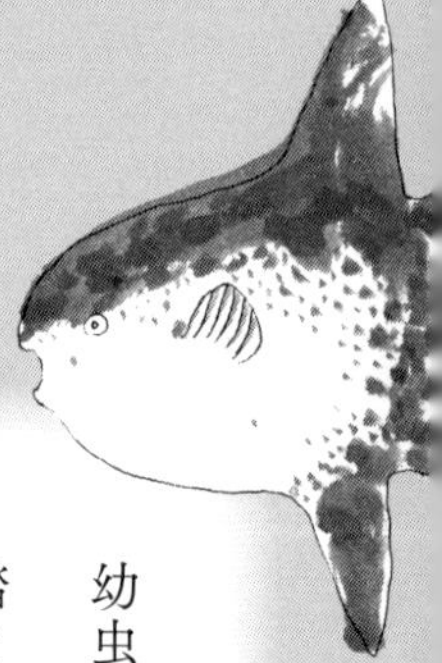

幼虫時代はなぜ必要？
踏まれた雑草は、どう育つ？
魚がたくさん卵を産む理由は？
子に噛みつくキツネは残酷？
トンボがブルーシートに卵を産んでしまうのは？

生き物にまつわる、様々な不思議——。

卵で生まれるものと、赤ちゃんで生まれるもの。
子育てをするものと、子育てをしないもの。

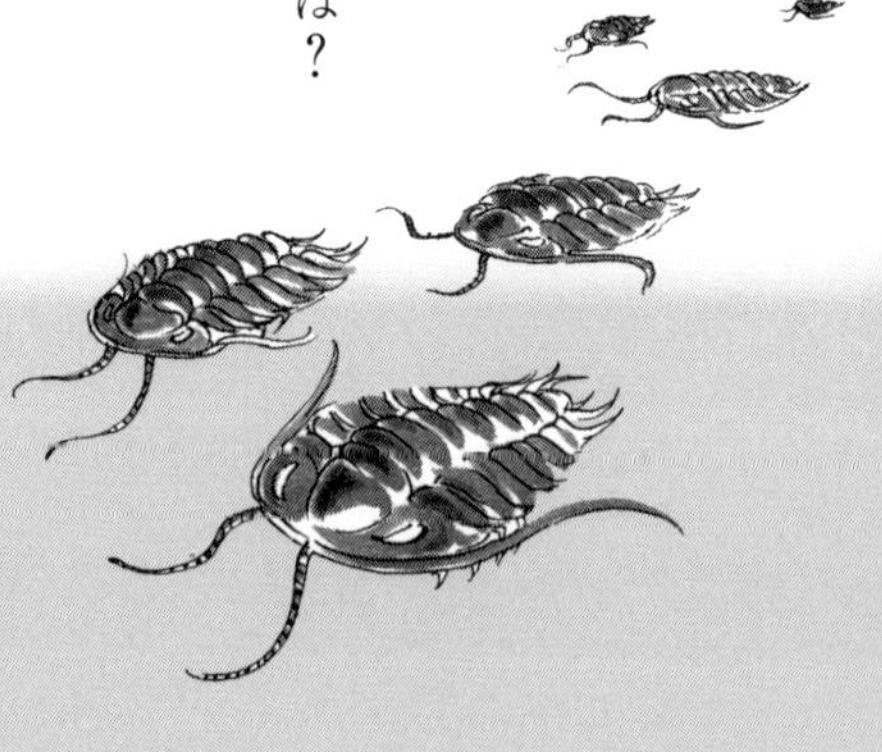

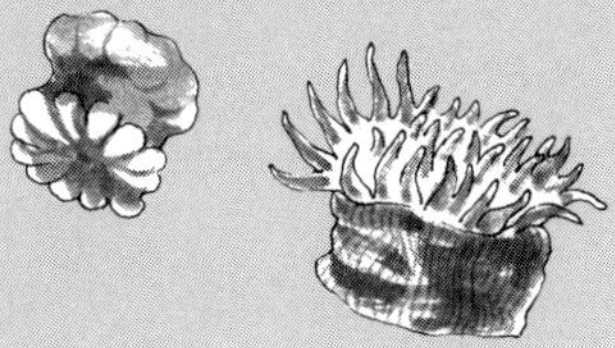

大きくなろうとするもの、質を変えていくもの。
本能に頼るもの、知能を選んだもの。
子ども時代が長いものと、短いもの。

生き物たちの、様々な大人のなり方――。

それぞれに、理由がある。
それぞれに、学びがある。

知れば、人間が見えてくる。

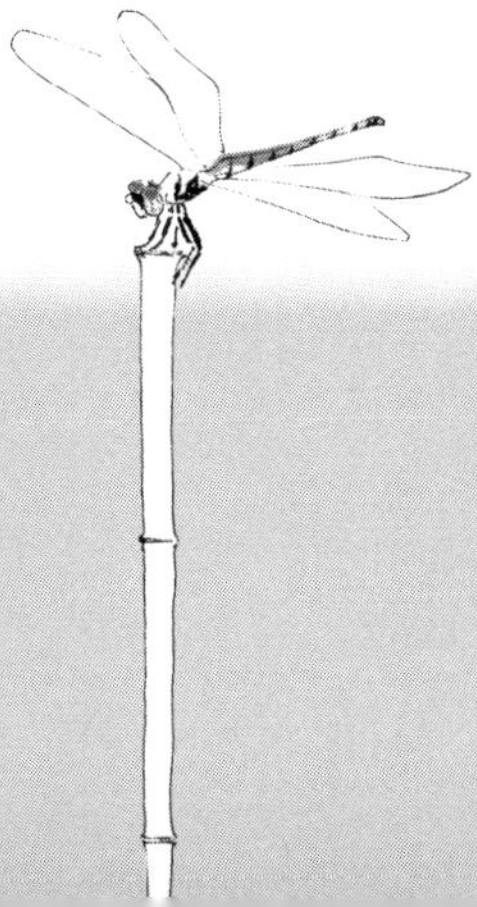

第1章

大人と子どもはどこが違う？

大人は子どもより
大きいのだろうか

大人になるということは、
何かを獲得すること
ばかりではありません。

◆子どもは小さい？

大人と子どもの違いは何でしょうか。

遊園地のチケット売り場などでは、子どもは「小人」と書かれています。大人は大きいのに対して、子どもは小さいという特徴があります。

しかし、本当にそうでしょうか。

単に大きさの違いだけだとすれば、大人は、「大きな子ども」ということになります。子どもは、「小さな大人」ということになります。

確かに、子どもは成長すると大きくなっていきます。成長するということは、大きくなることなのです。

子どもは小さく、大人は大きな存在です。

いやいや、ちょっと待ってください。

子どもが小さくて、大人が大きいって、本当に本当でしょうか？

大人と子どもの違いは、本当に大きさの違いだけなのでしょうか？

◆大きな子どもと小さな大人

親よりも大きな子どもは、いくらでもいます。我が家もそうです。我が家の息子は、中高生のときに、大人の私よりも大きくなってしまいました。

生物の世界を見てみることにしましょう。

下の二羽のキングペンギンは、どちらが子どもでしょうか。

茶色い毛の生えた丸々と太ったほうが親で、ほっそりとしたほうが子どもにも見えますが、そうではありません。じつは丸々と太った大きいほうが、子どもなのです。確かに、ほっそりとしたほうはペンギンらしい姿をしているのに

キングペンギン

対して、丸々と太ったほうは、体は大きいですが、ヒナのような姿にも見えます。

キングペンギンは、成長した子どものほうが、大人よりも体が大きくなるのです。

ペンギンが暮らす南極などでは、厳しい冬を乗り越えなければなりません。それは、子どものペンギンにとっても同じことです。そこで、ヒナたちは寒さと飢えをしのぐために、脂肪を蓄えるのです。もちろん、親のペンギンも脂肪を蓄えますが、成長過程にある子どもたちは、より多くの栄養分を必要とします。そのため、親よりも大きくなるほどに丸々と太っているのです。

しかし、不思議です。

親よりも大きいほどの体であるなら、もう子どもではなく、大人になってしまえばよいのではないでしょうか。

しかし、そうはなりません。どうやら、子どもと大人の違いは、単に大きさの問題だけではなさそうです。こんなに大きくなっても、ペンギンのヒナは、まだ大人になることができないのです。

◆成長して小さくなる

アベコベガエルと呼ばれるカエルがいます。

アベコベガエルのオタマジャクシは、二十五センチほどの大きさがあります。

ところが、大人のカエルになると、六センチほどの大きさになってしまいます。驚くことに、大人になると四分の一程度の大きさになってしまうのです。

子どものほうが体が大きく、成長して大人になると体が小さくなってしまう。まさにアベコベです。

それにしても、どうしてアベコベガエルは子どものほうが、体が大きいのでしょうか。

そして、どうして成長して大人になると、体が小さくなってしまうのでしょうか。

残念ながら、その理由はよくわかっていません。一説には、アベコベガエルは塩分濃度の高い海の近くに棲んでいるため、水の中にいるオタマジャクシのときには濃い塩分に耐えるために大きな体を必要とするからとも言われていますが、はっきりしません。

いずれにしても、アベコベガエルの子どものオタマジャクシが大きいのには合理的な理由があるはずです。

子どもが大人になるということは、単に体が大きくなるということではないのです。

◆失うものもある

アベコベガエルほどでなくても、カエルはオタマジャクシのほうが大きい印象があります。オタマジャクシは丸々と太っているのに、カエルになるとほっそりとした姿になってしまうのです。

カエルには長い手や足が生えているので、余計にほっそりと見えるのかも知れません。

オタマジャクシがカエルになるということは、手や足を手に入れることでもあります。しかし一方で、失うものもあります。

尻尾です。

オタマジャクシはカエルになるときに、後ろ足が生え、前足が生えてきますが、最後に水の中で泳ぐために必要だった尻尾がなくなります。

大人になるということは、何かを獲得することばかりではありません。オタマジャクシの尻尾のように、大人になることで失うものもあるのです。

イノコヅチは
イモムシの成長を
早めようとします。

早く大人になるって、いいことなの？

◆幼虫のお仕事

昆虫は、子どもの幼虫と大人の成虫の姿が、大きく異なります。

たとえば、美しいチョウも、幼虫の頃はイモムシです。トンボは、幼虫のときには水の中でヤゴとして過ごします。セミも、幼虫のときには土の中で過ごします。

昆虫の成虫には、羽があるのが大きな特徴です。昆虫の成虫は、羽で移動をします。そして分布を広げていくのです。

これに対して、昆虫の幼虫には、羽がありません。イモムシなどは、速く走ることさえできません。昆虫の幼虫には、いったいどのような役割があるのでしょうか。

昆虫の幼虫は、成虫になることが仕事です。成虫になるためだけの存在なのです。

そんな幼虫に存在価値はあるのでしょうか。最初から大人として生まれてくればよいのではないでしょうか。

◆小さなカブトムシと大きなカブトムシ

子どもたちに人気のカブトムシも、幼虫のときはイモムシのような姿をしています。

カブトムシは体の大きいものが人気です。

一方で、ときどき、体の小さなカブトムシもいます。この小さなカブトムシに、どんなにエサをたくさん与えても、体は大きくなりません。成虫になってからエサをたくさん食べても、もう大きくなることはないのです。

それでは、どうして体の大きなカブトムシと小さなカブトムシがいるのでしょうか。

それは、幼虫のときに食べたエサの量で決まります。たくさん食べることが大切なのです。エサをたくさん食べた幼虫が、大きく成長し、大きなカブトムシとなります。しっかりとした幼虫時代を過ごしたものだけが、しっかりとした成虫になることができるのです。

幼虫は成虫になるための存在です。

立派な成虫になるためには、立派な幼虫時代が必要なのです。

それでは私たち人間はどうでしょうか。

◆早く大人になってしまえ

イモムシは、むしゃむしゃと植物の葉っぱを食べてしまいます。しかし、植物もやられっぱなしではありません。イモムシなどの虫に食べられないようにさまざまな工夫をしています。多くの植物は、葉っぱの中に有毒な成分を作り出します。

しかし、その有毒な成分に対しては、イモムシは毒が効かないような解毒の仕組みを発達させます。そのため、植物が有毒化学物質で身を守っても、イモムシは平気でむしゃむしゃと葉っぱを食べてしまうのです。

それでは、どうすればよいのでしょうか。

とっておきの方法があります。

イノコヅチという植物は、イモムシが抵抗できないような方法で、身を守ることを考えました。

じつは、イノコヅチは葉っぱの中に、イモムシの成長を早める成分を含んでいます。そのため、この葉っぱを食べたイモムシは、脱皮を繰り返します。その結果、葉っぱを十分に食べることなく、大人のチョウになってしまうのです。

毒であれば、イモムシも必死になって対抗策を進化させますが、ちゃんと成長して大人になっているのですから、イモムシも文句はありません。チョウになって飛び立っていきます。こうして、イノコヅチは、やっかいなイモムシを追い払ってしまうのです。

早く成虫になることは、良いことのようにも思えます。

しかし、幼虫であるイモムシにとっては、食べることが仕事です。たくさん食べて、たくさん栄養をつけることが、立派なチョウになるために必要なことです。十分に葉っぱを食べることができずに、早く大人になってしまったイモムシは、小さな成虫にしかなれないそうです。

しっかりとした子ども時代を過ごすことができず、こぢんまりとした小さな大人になってしまった成虫には、卵を産む力はありません。こうしてイノコヅチは、イモムシを退治しているのです。

「早く大人になってしまえ」

それが、イノコヅチの恐ろしい作戦です。

もしかしたら、私たちは知らず知らずのうちに、子どもたちに対して同じようなことをしていないでしょうか。もし、大人びた「小さな大人」のような子どもたちが増えているとしたら、それは何だか恐ろしいことです。

しっかりとした大人になるためには、しっかりと子ども時代を過ごすことが大切なのです。

赤ちゃんがかわいいのは、なぜだろう？

おでこが
広いということは
「襲ってはいけない」
という合図なのです。

◆大人と子どもの見分けがつかない生き物

子どもは、大人とは異なる存在です。

しかし、なかには大人と子どもが同じ姿をしている生き物もいます。

たとえば、ワニは大人も子どもも同じ姿をしています。卵から生まれたばかりの赤ちゃんは、もう立派なワニの姿をしています。そして、年々大きくなっていくのです。ワニは巨大なものでは、数メートルにもなります。

ただし、ワニは環境や温度によって成長のスピードが異なるため、大きさを見ただけでは、年齢はわかりません。見た目では、大人か子どもかわからないのです。

チョウやカエルのように、大人と子どもの姿が大きく異なる生き物がいる一方で、ワニのように、大人と子どもとが変わらない生き物もいるのです。

この違いは何でしょうか。

イソギンチャクは、大人と子どもの姿が大きく異なる生き物です。

イソギンチャクの子どもは、プラヌラと呼ばれ、まるでクラゲのような生き物です。このプラヌラは、海の中を自由自在に泳ぎ回ります。そして、お気に入りの岩場を見つけるとそこに着地します。その後は、そこから移動することなく、イソギンチャクへと成長していくのです。

イソギンチャクの子どもには、移動するという大切な役割があります。そして、大人になったイソギンチャクには、次の世代の卵を産むという役割があるのです。

一方、カエルやチョウも、大人と子どもの姿が違います。ただし、カエルやチョウは大人が移動をします。子どもは移動せずに、大人が移動するという役割分担なのです。

どうやら大人と子どもとで役割分担がある生物は、大人と子どもの姿が異なり、役割分担がない生物は、大人と子どもが同じような姿をしているようです。

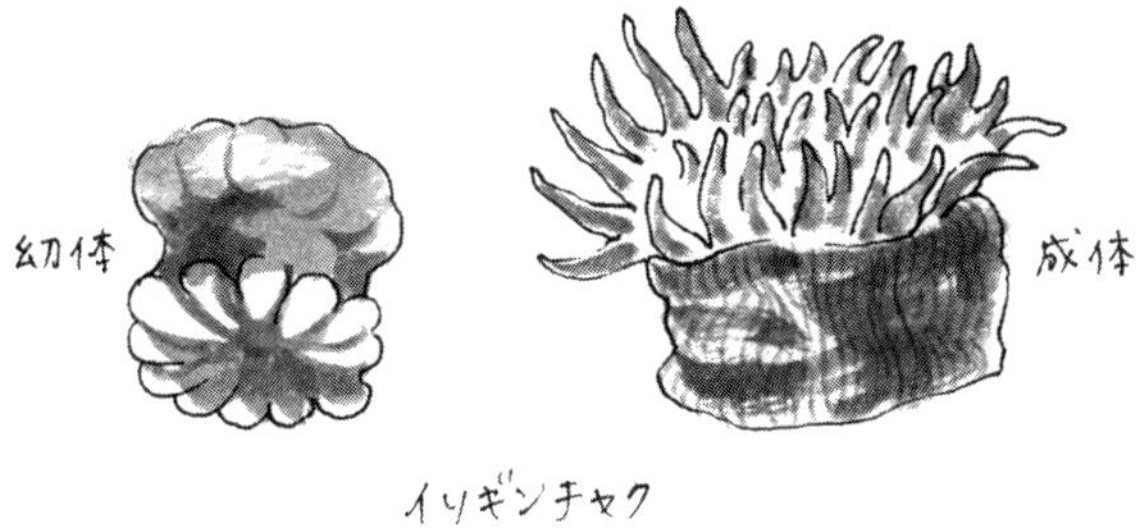

◆人間の大人と子ども

それでは、人間はどうでしょうか。

人間は、大人になったから羽が生えるということはありませんし、大人になったから尻尾がなくなるということもありません。

人間の大人と子どもとは、よく似た姿をしています。しかし、大人と子どもがまったく同じかと言えば、そうではありません。たとえば、人間の赤ちゃんを見ると、かわいらしい顔をしています。

このかわいらしさのヒミツは、おでこの広さにあります。赤ちゃんは目や鼻が顔の下のほうに集まっています。そして、おでこが広いのです。このおでこが広い顔が、かわいらしさを醸し出しています。

また、頭が大きい割に手足は短く、全体的に丸いフォルムをしています。人間の大人にはない、「かわいさ」を持っているのです。だからもし、大人よりも巨大な赤ちゃんが現れたとしても、それは赤ちゃんだと誰でもわかることでしょう。

ワニのように、大人なのか子どもなのかわからないということはありません。

人間の大人と子どもは、見た目が違う存在なのです。

人間だけでなく、イヌやネコなども赤ちゃんはかわいらしい姿をしています。おそろしいライオンやオオカミでさえも、子どもを見れば、かわいく見えます。

「子どもがかわいい」というのは、哺乳動物の大きな特徴なのです。

◆どうして赤ちゃんはかわいいのか

哺乳動物の赤ちゃんは、かわいらしい姿をしています。

赤ちゃんは成長して子どもになっていきます。幼いうちは、まだかわいらしさがありますが、やがて大きくなっていくと、だんだんとかわいらしさは失われていきます。

大人と子どもの姿が違うと言っても、カエルの子どものオタマジャクシは、そんなにかわいくありません。チョウの子どものイモムシも、気持ちわるいと思う人のほうが多いくらいで、かわいいと思う人は少数派でしょう。

それなのに、どうして、哺乳動物の赤ちゃんはかわいいのでしょうか。

それは、哺乳動物の赤ちゃんが、「大人に守られるべき存在」だからです。

哺乳動物は、子育てをする動物です。そして哺乳動物の子どもは、「子育てをされる存在」です。そのため、大人たちから守られるように、かわいい姿をしているのです。カメが硬い甲羅で身を守ったり、ケムシが毒の毛で身を守るように、哺乳動物の赤ちゃんは「かわいらしさ」で身を守るようになっているのです。

赤ちゃんは、おでこの広い顔をしています。

どうして、おでこが広いとかわいらしく見えるのでしょうか。

それは、おでこが広いものをかわいいと感じるように、大人の脳にプログラムされているからに過ぎません。

その証拠に、おでこさえ広ければ、赤ちゃんでなくても、かわいらしく見えます。

おでこが広いから、かわいいのではありません。

赤信号が「止まれ」の合図であるように、おでこが広いということは、「襲ってはいけない」「守らなければならない」という合図なのです。

哺乳動物にとっては、大人は子どもを守る存在であり、子どもは大人に守られる存在です。よく似た姿をしていても、大人と子どもの姿が異なるということは、大人と子どもの役割が違うということなのです。

それでは、子どもの役割とは、何なのでしょうか。

子どもの役割は、明確です。それは、「大人になること」です。しっかりとした大人になるために、しっかりとした子ども時代を過ごすことです。

それが、子どもの役割なのです。

それにしても、最近は人間も大人と子どもの区別がつきにくくなりました。大人びた子どもらしくない子どもが増える一方で、大人になりきれない子どもじみた大人が多いように思えるのが気になるところです。

クモが
子育てをする理由

あろうことか、
赤ちゃんグモたちは、
母親に
食らいつきます。

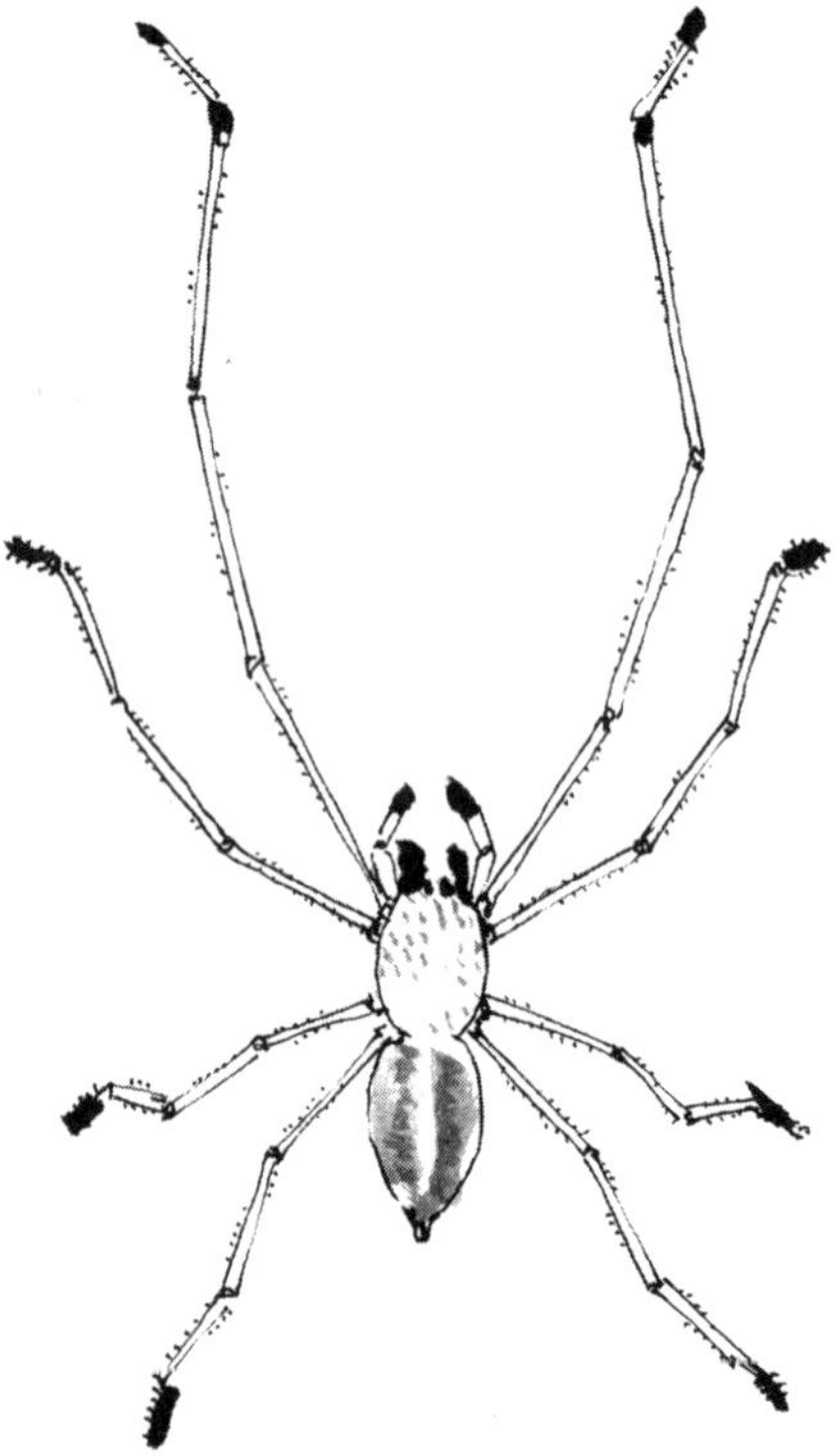

◆子育てをする虫の特徴

子育てをする生物は限られています。

ほとんどの生物は、子育てすることはありません。

たとえば、チョウやトンボなどの昆虫は、多くが卵を産んだら、それっきりです。卵から生まれた小さな幼虫たちは、誰の保護もなく、自分の力だけで生きていかなければならないのです。

魚も、子育てをするものは例外的です。ほとんどの種類の魚は子育てをすることはありません。卵を産んだら、産みっぱなしです。

人間は、そんなことはしません。しっかりと愛情を注いで子どもを育てます。

それに比べて、自然界を生きる生物たちは、親として、なんと薄情なことでしょう。

しかし、昆虫や魚の中にも、例外的ではありますが、子育てをするものもあります。

たとえば、サソリは子育てをする虫として知られています。毒針を持つ恐ろしい虫として知られているサソリですが、じつは子煩悩な虫なのです。

クモは脚が八本あるので昆虫には分類されませんが、クモの仲間にも子育てをする種類が見られます。サソリやクモというと、人間には忌み嫌われていますが、じつは子育てをする子煩悩な虫なのです。

昆虫の多くが、卵を産みっぱなしにして子育てをしないのには、理由があります。

昆虫は、多くの生物がエサにする弱い存在です。どんなに卵や子どもを守ろうとしても、親もろともに食べられてしまったのでは、子どもを守ることができません。

一方、サソリは強い毒針で敵を退けることができます。また、クモの仲間も虫の世界では、他の昆虫をエサにするような強い存在です。そのため、卵を守り、子育てができるのです。

「子どもを守り育てる」ということは、強い生物だけに与えられた特権です。子どもを守る力を持つ親だけが、子育てをすることを許されているのです。

◆虫たちの子育て

小さな虫にとって、子育てをするということは大変なことです。

私たちの身近なところでは、ハサミムシが子育てをする虫として知られています。

ハサミムシはその名のとおり、尾の先についた大きなハサミが特徴です。このハサミを武器として敵から身を守ります。ハサミムシには子どもを守るだけの強さがあるので、虫としては珍しく子育てをすることができるのです。

ハサミムシの母親は、石の下などで卵を産みます。そして、卵が孵《かえ》るまで、産んだ卵に覆い被さるようにして、卵を守り続けるのです。

石をひっくり返してみると、ハサミムシのお母さんはハサミを振り上げて、必死に敵を追い払おうとします。卵が孵るまでの間、母親は卵のそばを離れることはありません。ハサミムシの母親は一ヵ月から二ヵ月以上の長い間、卵を守ります。この間、エサを口にする時間もありません。飲まず食わずで、卵を守り続けるのです。

そして、ついに卵から小さな幼虫が孵化します。

しかし、母親の仕事はこれで終わりではありません。

ハサミムシは肉食で、小さな昆虫などをエサにしています。しかし、孵化したばかりの小さな幼虫は獲物を捕ることができません。そこで母親は、子どもたちの最初のエサとして自らの体を投げ出すのです。そして、生まれたばかりの子どもたちは、母親の体を食べ始めます。

子どもたちに食べられながらも、石をめくれば、ハサミムシの母親は、残された力を振りしぼってハサミを振り上げます。

これがハサミムシの母親です。そして、これが、ハサミムシの子育てなのです。

母親を食べつくしてエサがなくなると、子どもたちは散り散りに旅立っていきます。

◆クモのお母さん

気味がわるいと嫌われることの多いクモですが、その中にも子育てをするものがあります。昆虫をエサにするクモは、虫の中では天敵の少ないほうです。そのため、子育てをすることができるのです。

私たちの身近なところにいるジョロウグモも、子育てをするクモです。ジョロウグモの母親は、木の幹などに卵を産みつけます。そして、その上に覆い被さって、卵を守るのです。

その名のままに、コモリグモ（子守グモ）というクモもいます。

コモリグモは、クモの巣を張らずに、地面の上を歩き回りながら、獲物を捕らえます。じつは、コモリグモは、私たちの身近で見られるクモです。コモリグモの母親は、卵の入った卵のうという袋をお尻につけて歩き回ります。そして、卵から子どもが孵ると、すべての子グモを背中の上に乗せて移動するのです。この子どもを背負う姿から、コモリグモと名づけられたのです。

草むらなどに見られるササグモやヒメグモは、クモの巣で卵のうを守ります。そして、卵から生まれ出た子グモは、しばらく母親と過ごすのです。

子育てをするクモの中でも、カバキコマチグモの子育ては壮絶です。

日本に毒を持つクモは多くありませんが、カバキコマチグモはその中では最強の毒を持つとされています。おそろしい毒グモですが、毒を持つということは、敵から身を守る強さを持っているということなのです。

カバキコマチグモは、ススキなどの葉を丸めて巣を作ります。そして、巣の外を歩き回っては、獲物となる昆虫を捕らえるのです。

やがて、カバキコマチグモの母親は、卵を育てるための巣を作り、そこに卵を産みます。そして、巣の中で卵を守り続けるのです。このときの母グモは警戒心が強く、攻撃性が強いため、注意が必要とされています。

やがて赤ちゃんグモが生まれてくると、あろうことか、赤ちゃんグモたちは、一斉に母親に食らいつき始めます。そして、母親の体液を吸うのです。ミルクをもらうわけではありません。母親の体液です。母親は逃げようともせずに、慈しむかのように赤ちゃんグモたちがするにまかせています。これがカバキコマチグモの子育てなのです。

カバキコマチグモの赤ちゃんたちが生まれた誕生日は、母親にとって生涯を終える最期の日となります。しかし、それこそがカバキコマチグモの母親が願っていたことなのです。

◆「子育て」の進化

自分の命を賭して子どもを守るハサミムシやクモたち。

しかし、そんなもの本能ではないか、と思う人がいるかも知れません。そのとおり、本能に過ぎません。

彼女たちの行動に、「自分を犠牲にしてでも、子どもたちのために」という愛情があるわけではありません。ただ、「そうせずにいられないから、そうする」のです。もしかすると、「そうせずにいられない」という意識さえ、ないのかも知れません。ただ、本能の赴くままに、行動しているだけかも知れないのです。

動物は背骨のある脊椎動物と、背骨のない無脊椎動物とに分けられます。

「背骨があるかないかが、そんなに大事なことなのか」と言われてしまえば、確かにそうなのですが、動物を背骨のあるものとないものとで大きく分けると、分類上便利なのです。ここで紹介したクモや、たとえばタコなどは、背骨のない無脊椎動物に分類されています。

無脊椎動物は、本能のみによって行動しています。

一方、魚類や両生類、爬虫類、鳥類、哺乳類は、背骨のある脊椎動物です。

脊椎動物は本能だけでなく、知能を発達させてきました。特に、私たち人間を含む哺乳類は、知能を最大限に活用する生物です。

それでは、脊椎動物の子育てはどういうものでしょうか。

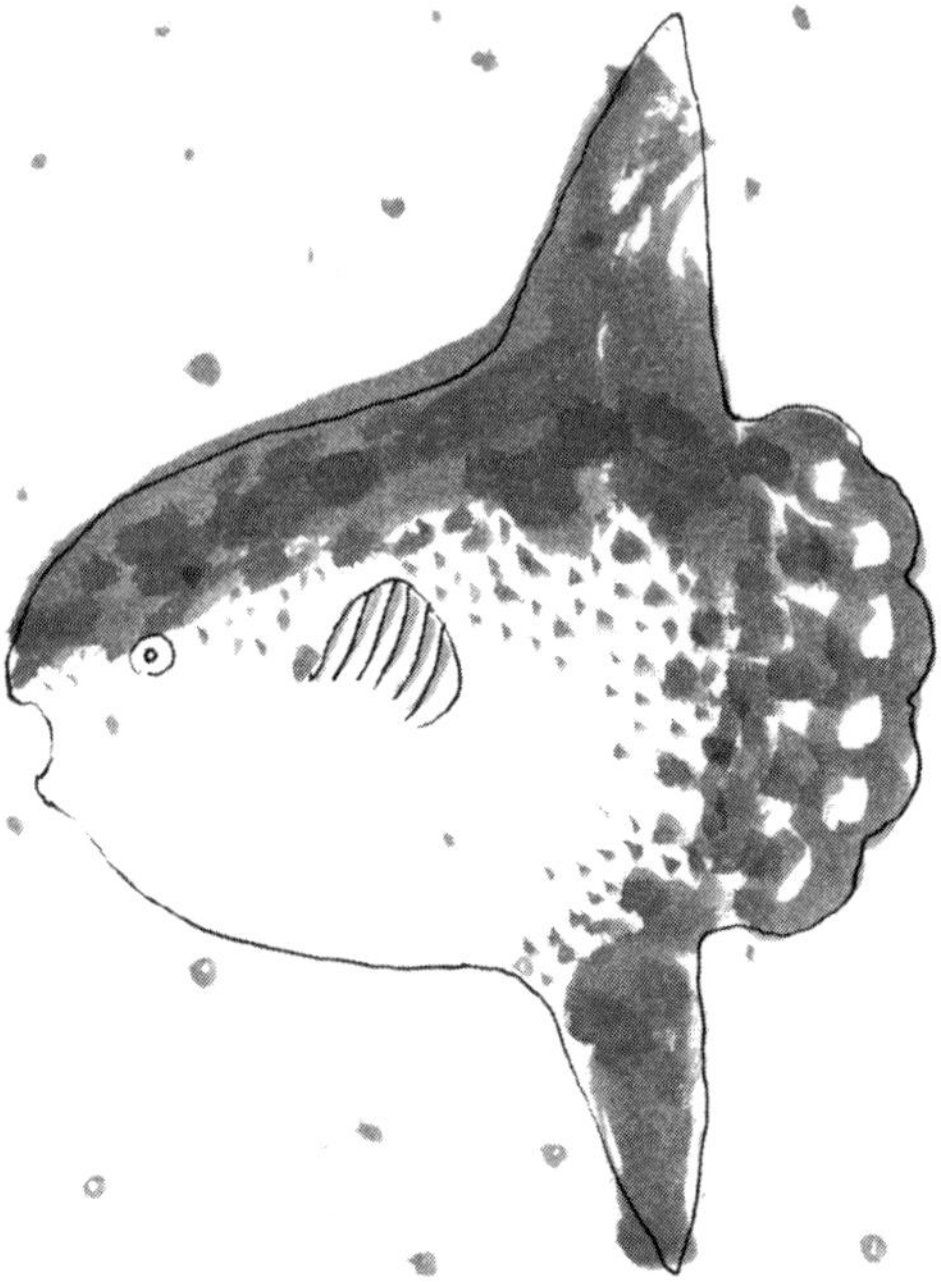

二匹のマンボウが
生き残るためには、
何億個もの卵が必要です。

マンボウが たくさん卵を産む理由

◆魚は子育てをするか

脊椎動物であっても、子育てをする生物は少数派です。生物の多くは、卵や子どもを産みっぱなしで、面倒をみることはありません。

脊椎動物の中でもっとも古い時代に出現した魚類は、一部の特殊な種類では子育てをする例が知られていますが、多くの魚は、子育てをすることは一切ありません。ただ、たくさんの卵を産みっぱなしにするだけです。

しかし、産みっぱなしということは、卵が無事に大人の魚に育つことは簡単ではありません。そのため、卵を産みっぱなしにする魚は、生き残る確率が低い分だけ、たくさんの卵を産みます。

水族館の人気者のマンボウは、一度に三億個もの卵を産むと言われています。この卵がすべて大人になれば、世界中の海はマンボウで埋めつくされてしまいますが、そんなことにはなりません。

オスとメスの二匹のマンボウから生まれた卵は、最後には二匹程度しか残らない計算になります。逆に言えば、二匹のマンボウが生き残るためには、三億個もの卵が必要だということになります。生存率は一億五〇〇〇万分の一。無事に成長を遂げて大人になる確率は、宝くじの一等に当たる確率、一〇〇〇万分の一よりもはるかに低いのです。

大人になったマンボウは、宝くじに当たった人よりも、ずっと強運の持ち主なのです。

子育てをしない生物では、子どもが大人になるということはこんなにも過酷なことです。

脊椎動物の進化の過程で、まず魚類が陸上に進出し、やがてカエルやサンショウウオなどの両生類が誕生します。しかし、両生類も子育てをするものはほとんどありません。卵を産みっぱなしにするのです。

両生類から進化したという、爬虫類はどうでしょうか。

陸上に上陸を果たした両生類でしたが、その生息地は水辺から離れることができませんでした。そこで登場したのが、さらに乾燥に対する耐性を身につけて、陸上に本格的に進出した爬虫類です。

両生類が水辺に卵を産み、子どものときはオタマジャクシとして水の中で過ごすのに対して、爬虫類は乾燥した陸の上に卵を産みます。そのため、爬虫類は、卵が乾いて死ぬのを防ぐために、硬い殻のある卵を産むようになりました。また、卵を保温するために、土の中などに卵を産みます。

このように、卵を保護するように産卵はしますが、子育てをする爬虫類はほとんどいません。

◆最初に「子育て」をした脊椎動物

それでは、脊椎動物の中で、最初に本格的な「子育て」をするようになったものは、何者なのでしょうか。

それは「恐竜」です。

恐竜はトカゲやワニなどの爬虫類と似た姿をしていますが、爬虫類とは違います。恐竜は、爬虫類よりもさらに進化を遂げた生物なのです。

たとえば、爬虫類は外気温によって体温が変わる変温動物ですが、恐竜は外気温にかかわらず体温を一定に保つ恒温動物だったと考えられています。また、群れを作り、季節に応じて棲み場所を移動する「渡り」をしていました。どちらかというと爬虫類よりも、現在の鳥類にごく近い性質を持っていたのです。

そして恐竜は、鳥類と同じように、子どもを育てていたと考えられています。

鳥のように巣の中で卵を温めていた恐竜の化石や、親からエサをもらっていたと考えられる子どもの恐竜の化石が発見されているのです。

◆強いお母さん

それでは、私たち人間を含む哺乳類は、どうでしょうか。

卵を抱き、ヒナを育てる恐竜や鳥類と比べても、哺乳類は劇的な進化を遂げました。それは、「子どもを産む」ということです。

「哺乳類」とは、「哺乳をする生物」という意味です。卵を産むのではなく、母親のお腹の中である程度の大きさになるまで、赤ちゃんを育てます。そして、「乳」という栄養価の高いエサを与えて赤ちゃんを育てるのです。これが、哺乳類の大きな特徴です。

卵を産むのではなく、母親のお腹の中で子どもを育てるのですから、赤ちゃんの生存率は飛躍的に高まります。そして、それだけでなく、母乳という特別なエサまで用意しているのです。

思い出してください。

無脊椎動物では、敵の少ないサソリやクモが子育てをしていたように、子育ては、子どもを守り育てることができる強い生き物だけに許された特権でした。

脊椎動物ではどうでしょうか。

魚類や爬虫類はふつう卵を産みますが、哺乳類と同じように卵ではなく、赤ちゃんを産むものもいます。ただし、魚類や爬虫類は卵を産む「卵生」で、赤ちゃんを育てる胎盤がないので、体内で卵を孵化させて、孵化した子どもを産み落とすのです。これは哺乳類のような「胎生」ではありませんが、胎生によく似ているので「卵胎生」と呼ばれています。卵胎生で、赤ちゃんを産むのは、魚類ではサメです。爬虫類では、マムシが卵胎生の生物の例として知られています。

サメもマムシも、敵の少ない強い生物です。

脊椎動物の進化の中で、初めて本格的に子育てをした恐竜も、地球を支配した強い生物でした。そして、恐竜から進化したとされる鳥類も子育てをします。哺乳類は、この恐竜や鳥類よりも、さらに子育てを進化させて、母親の体内で赤ちゃんを守り、さらに母乳で育てるという高度な子育てを進化させたのです。

◆哺乳類も強いのか

それでは、哺乳類は強い存在なのでしょうか。

今でこそ哺乳類は、恐竜に代わって地球を支配する生物たちですが、恐竜が繁栄した時代には、哺乳類はか弱い存在でした。

小さく弱い存在であった哺乳類は、恐竜の目を逃れて、暗い夜に行動していたのです。しかし、同じく恐竜から逃れるために、聴覚や嗅覚などの感覚器官と、それを司《つかさど》る脳を発達させ、敏速な運動能力も手に入れました。

こうして、哺乳類は敵から逃れ、子どもたちを守るだけの能力を発達させたのです。その結果、子を守るために卵ではなく赤ちゃんを産んで育児するという、「子育て」をする生物となりました。そして現在、子育てをする哺乳類は、地球上に繁栄しているのです。哺乳類は、強いからではなく、弱くても生き残るために、「子育て」をするようになったのです。

さらに哺乳類は、「知能」を発達させました。

じつは、この「知能」という機能を活用するために、哺乳類は「子育て」を必要としたという面もあります。

「知能」と「子育て」には、どのような関係があるのでしょうか。どうして知能を発達させた哺乳類は「子育て」を必要としたのでしょうか。

この続きは、次章でお話しすることにしましょう。

第2章

「遊び」と「学び」

カマキリの赤ちゃんも遊ぶのだろうか

本能を、
もっとも高度に
発達させたのが
昆虫です。

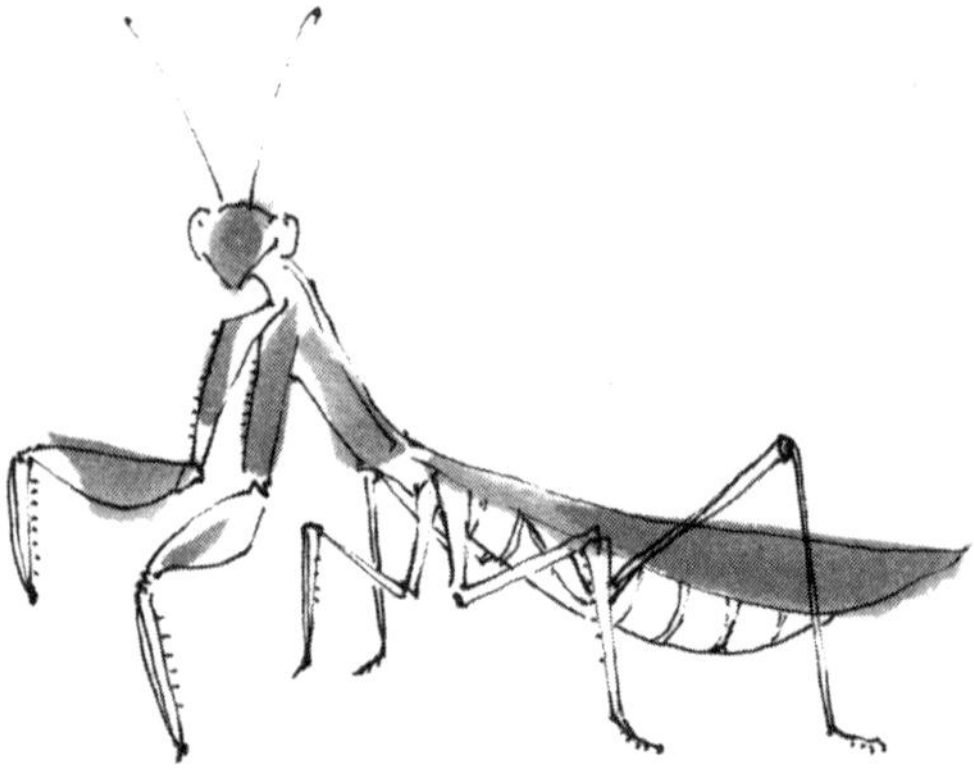

◆遊ぶって、どういうこと

哺乳動物の子どもは、とにかくよく遊びます。

子どもというものは、何しろ好奇心が旺盛です。いろいろなものに興味を持ち、いろいろなことをしたがります。そして、すぐに大人のマネをしようとします。じゃれ合ったり、兄弟姉妹でよくケンカもします。

一日中、そうやって遊んで過ごしています。一生懸命にエサを集めている大人の動物から見れば、本当に気楽なものです。

こんな動物の子どもたちの行動には、何か意味があるのでしょうか。

動物だけではありません。人間の子どもを見ていてもそうです。

いつまでも飽きずに川に石を投げてみたり、チョウの死体をじっと見つめてみたり、つついてみたりします。よそ見をして歩いていたり、隣の子にちょっかいを出したり、いたずらをしてみたり。

子どもたちが夢中になることや興味を持つことは、私たち大人にとってはどうでもいいことばかりです。何の価値もないどころか、そんな子どもに付き合わされることは、面倒くさいだけです。

しかし、「遊ぶこと」は哺乳動物にとっては、重要な生きる手段です。

なぜなら哺乳動物にとって、哺乳動物の子どもたちにとって、「遊ぶこと」は生きるための知恵を「学ぶこと」だからです。

◆昆虫の子どもは教わらない

生物の多くは本能と知能とを持っています。

たとえば、渡り鳥は誰に教わらなくても、渡りの時期とルートを間違えることはほとんどありません。サケは、誰に教わらなくても生まれ故郷の川にたどりつき、川を遡《のぼ》ります。

これは本能です。本能によって、行動をすることができるのです。

この本能を、もっとも高度に発達させたのが昆虫です。昆虫は親から何も教わらなくても、生きていくことができます。卵から生まれたばかりのカマキリの赤ちゃんは、誰に教わっていなくても、鎌を振り上げて小さな虫を捕らえます。

ミツバチは、デザインと機能性に優れた六角形の巣を作ることができます。そして、花の蜜を見つけ、仲間に花のありかを伝えます。誰にも教わらなくても、働きバチたちは女王バチや幼虫の世話をし、巣のメンテナンスをします。

このように昆虫は、本能という高度なプログラムによって、誰に教わらなくても、生きていくために必要な行動を取ることができるのです。

それに比べると、私たち哺乳動物は面倒です。

生まれたばかりの赤ちゃんは、一人では生きていくことができません。かろうじて、飲み方を教わらなくてもおっぱいを飲むことくらいはできますが、本能でできるのは、これくらいのことです。

肉食動物の子どもは、親から獲物の捕り方を教わらなければ、狩りをすることさえできません。草食動物も同じです。親が逃げればいっしょに逃げますが、何が危険なのかさえわかっていません。

私たち哺乳動物にも本能はありますが、昆虫ほど完璧にプログラムされた本能は持ちあわせていません。誰かに教わらなければ、何もできない存在なのです。

どうして、トンボは
学習しないのだろう？

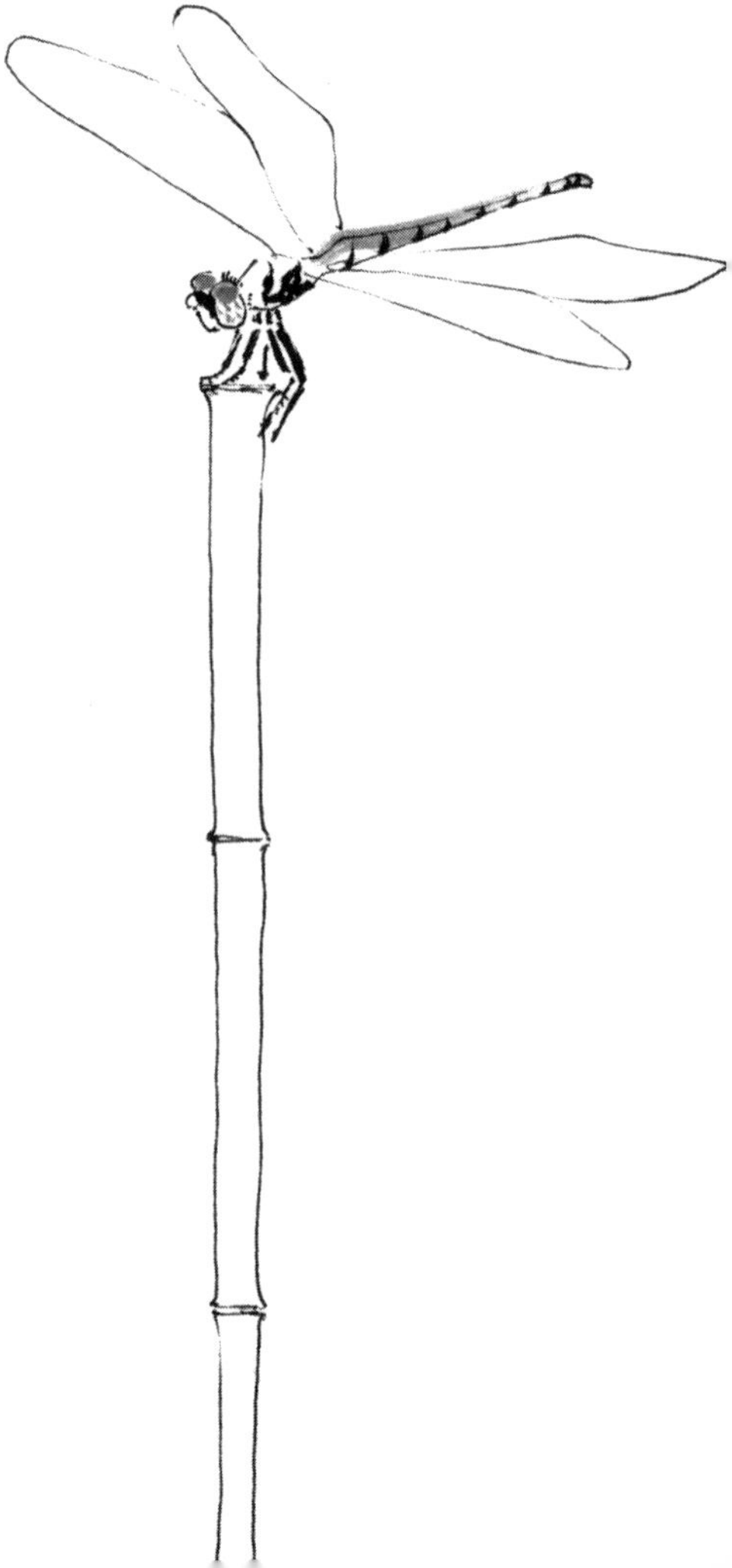

「知能」は、自分で解答を導かなければなりません。

◆昆虫たちの過ち

昆虫は、高度な本能を発達させています。

しかし、本能には欠点もあります。

トンボが今にも干上がりそうな道路にできた水たまりに卵を産んでいることがあります。こんなところに卵を産めば、幼虫は育つことなく干上がってしまうように思えますが、トンボは平気で卵を産みます。それどころか、ブルーシートの上に卵を産んでいることさえあります。水面と間違えてしまっているのでしょうか。

トンボは遠くから小さな虫を獲物として捉える視力を持っています。そこが卵を産むべき場所でないことは、空の上から見ればわかりそうなものです。しかし、おそらくは、「地上で陽の光をキラキラと反射させているところに卵を産む」とプログラムされているのでしょう。その本能に従って卵を産んでしまうのです。おそらく、アスファルトやブルーシートがない時代には、そのプログラムでよかったのでしょう。

しかし、そのプログラムは、今の都会ではとても適合しないものになってしまいました。

それでも、トンボたちは、今では通用しなくなってしまったそのプログラムに従って、正しくない場所に卵を産んでしまうのです。

狩人バチの仲間は、他の昆虫などを獲物として捕らえると、巣に持ち帰って幼虫のエサにします。ところが、エサを巣に持ち帰る途中で落としてしまっても、探そうともせずに、そのまま巣まで飛んで帰ります。また、太陽の光で自分の位置を判断する昆虫たちは、暗闇に輝く電灯に向かって突進してしまいます。

本能のプログラムに沿って機械的に動くために、誤った行動をしてしまうのです。

これが本能の欠点です。

決まった環境であれば、正しく行動をすることができます。ところが、プログラムの想定外の環境の変化にはまったく対応できないのです。

それでは、どうすればよいのでしょうか。

◆知能にも欠点がある

昆虫が本能を高度に発達させたのに対して、生きるための手段として知能を高度に発達させたのが、私たち人間を含む哺乳類です。哺乳類は、自分の頭で考え、どんな環境に対しても臨機応変に行動することができます。情報を処理して、状況を解析し、とるべき行動を導き出す。これこそが、知能のなせる業です。

知能を持つ哺乳動物は、ブルーシートに卵を産んでいるトンボの行動が正しくないことはすぐにわかりますし、落としてしまったエサは、その場で探します。

これが知能の優れたところです。

ところが、知能にも欠点があります。

長い進化の過程で身につけた「本能」は、多くの場合、正しい行動を導くマニュアルです。つまり解答が示されているのです。

一方の「知能」は、自分で解答を導かなければなりません。自分の頭で考えた行動が正しい答えであるとは限りません。考え抜いた挙げ句に、行動を誤ってしまうこともあるのです。

安全な環境で
経験を積ませることもまた、
哺乳動物の親の
役割なのです。

生物の脳は、ＡＩに負けてしまうのだろうか

◆AIの学習能力

それでは、知能が間違った行動を起こさないためには、どのようにすればよいのでしょうか。

状況を分析するためには、データが必要です。最近では、AI(人工知能)の発達がめざましく、コンピューターが人間に勝つことは不可能と言われた囲碁や将棋の世界でも、人間を簡単に打ち負かすほどになってしまいました。

このAIが行うのが、「ディープラーニング」です。

たとえば、囲碁や将棋が強くなるためには、たくさんの情報が必要です。

まずは、囲碁や将棋のルールをコンピューターに教えます。次に囲碁や将棋の本に書いてあるような定石や定跡をインプットしていくことでしょう。しかし、これだけでは人間よりも、強くなることはできません。

そこで、過去の対局の膨大なデータをコンピューターにインプットしていきます。こうして、「この場面ではこうすれば勝てる」「この場面でこうしては勝てない」というたくさんの情報を学んでいくのです。

しかし、「人間から教わる」という作業を繰り返して人間の知識を詰め込んだだけでは、人間を超えて強くなることはできません。

そこで、やがてコンピューターは、自分自身の中で囲碁や将棋の対局を繰り返していきます。そして自ら勝ち筋を学び取っていきます。つまり、「機械が自分で学ぶ」という作業をするのです。これが「ディープラーニング」です。

コンピューターはものすごいスピードで対局を繰り返すことができます。そして、膨大な情報を得ていきます。こうなると、もはや人間では太刀打ちすることができません。

こうして、人間を打ち負かすようなＡＩが育て上げられるのです。

哺乳動物の知能も同じです。

正しい答えを導くためには、膨大な情報が必要です。しかし、外部から与えられた情報だけでは不十分です。その情報を頼りに、自分自身で繰り返し、その情報の確かさを確認していきます。

これが「経験」です。

何もインプットされていないコンピューターはただの箱であるのと同じように、何の情報も持たない知能は、まったく機能することがありません。

私たちには、経験が必要なのです。

◆ＡＩにできないこと

ＡＩの問題として古くから取り上げられるものに、「フレーム問題」があります。フレーム問題は、ロボットのたとえ話で説明されます。

洞窟の中にロボットを動かすバッテリーがあり、その上には時限爆弾があります。ここでロボットに「洞窟に入り、バッテリーを持ってこい」と指示を与えます。

一号機は、洞窟の中からバッテリーを持ち出しましたが、いっしょに爆弾も運び出してしまったために、爆発してしまいました。

バッテリーを持ってこいという指示は達成したものの、それ以外のことを考えることができなかったのです。

そこで二号機には、「バッテリーを持ち出すことに付随して起こることに考慮する」という条件が加えられました。ところが、二号機はバッテリーの前で止まってしまいました。爆弾を取り除くと天井が落ちてしまわないか、壁に近づくと壁の色が変わってしまわないか、と起こりえないような状況まで次々に考慮して、何もできなくなってしまったのです。

そこで、三号機には、「箱からバッテリーを取り出す」という目的に無関係なことは考慮しないという条件を与えました。すると、三号機は洞窟に入ることさえできなくなりました。目的に対して無関係なことは無限にあるので、それを探し出して取り除くのに、無限の時間を必要としてしまったのです。

人間であれば、危険な爆弾を取り外し、バッテリーだけを持ってくることは、容易に思いつきます。しかしＡＩは、「爆弾を取り外す」という指示されていないことに思いいたることができなかったのです。

もっとも、「洞窟の中からバッテリーを持ってくる」というこのロボットの話は、ＡＩの研究の初期段階で提示された問題であり、爆弾を回避しながらバッテリーを持ってくるということは、今ではＡＩにも可能になったようです。

ただし、想定外のことに対して、適切に対応することが難しいという本質的な課題が完全に解決されたわけではありません。条件やシチュエーションをしぼり込むことでフレーム問題は解決されますが、すべての問題を解決するためには、膨大な情報を入力する必要があります。

人間の「経験」は、そのＡＩの情報量を上回るのです。

想定外に対応できるのが、人間の強みです。もし、「想定外」と簡単に言ってのけて機能停止してしまうような人間がいるのであれば、初期のＡＩと何ら変わりません。

◆経験とは「成功」と「失敗」を繰り返すこと

経験とは、「成功」と「失敗」を繰り返すことです。

囲碁や将棋のＡＩであれば、「こうしたから勝った」「こうしたから負けた」という情報を蓄積していきます。

哺乳動物も同じです。成功と失敗を繰り返すことで、どうすれば成功するのか、どうしたら失敗するのかを認識していきます。それが経験です。

しかし、哺乳動物にとっての経験には条件があります。その経験が安全なものであることです。そうでなければ、私たちは命を失ってしまうのです。

「一度、ライオンに食べられてみた」「高いビルから飛び降りてみた」という経験は、私たちの生存にとって役に立つ情報を与えてくれません。死んでしまったら、終わりだからです。

そのため経験は、安全が保証された環境で行われる必要があります。

哺乳動物は、親が子どもを守ってくれます。そのため、子どもたちは、親に守られて経験を積み重ねることができます。

親の保護のない昆虫は経験を積むことができません。一方、哺乳動物は親の保護があります。親が守ってくれることによって、哺乳動物は経験を活かすことが可能になり、知能を高度に発達させることが可能になったのです。

　哺乳動物の親の役割は、子どもを守ることだけではありません。安全な環境で経験を積ませることもまた、哺乳動物の親の役割なのです。

チーターの子が、遊ばなければならない理由

生きていくうえで
最低限、必要なことさえ、
母親に教わらなければ
できないのです。

◆子どもたちにとって「遊び」とは何か？

それでは、親の保護下で、子どもたちはどのような体験をすることができるのでしょうか。

哺乳動物の子どもたちは、限られた環境下で、効果的に体験を積み重ねるツールを持っています。

それが、「遊び」です。

とにかく哺乳動物の子どもたちは、よく遊びます。キツネやライオンなど肉食動物の子どもたちは、小動物を追いかけます。あるいは、兄弟でじゃれ合ったり、ケンカしたりします。

こうした遊びは、「狩り」や「戦い」や「交尾」などの練習になっていきます。遊びながら、成功と失敗を繰り返し、獲物を捕る方法や、仲間との接し方を学んでいきます。

そして、安全な環境のもとで危険を学ぶということが大切です。

親が保護してくれていれば危険は回避されます。親に保護されている子どものうちは、失敗したからといって命にかかわることはありません。しかし、独り立ちすれば、まわりは危険だらけです。何が危険で、何が危険でないかを、安全な環境で体験しておくことが必要なのです。

◆哺乳類の子育て

多くの生物は、生きる技術のすべてが本能に組み込まれています。魚の子どもたちは卵から生まれたばかりでも、誰の助けがなくてもエサを探して生きていきます。クモは、誰から教わらなくても、美しいクモの巣を張ります。大人になったセミは、誰に習うわけでもなく、大きな声で鳴くことができます。

ところが、哺乳類は違います。生きるために必要な「最低限の技術」さえも、親から教わらなければできない場合があります。

それが「知能」という戦略なのです。

肉食動物は、子どものときに獲物を獲る狩りの練習をします。

チーターは時速一〇〇キロメートルもの速度で走ることのできる、地上で最速のハンターです。しかし、ライオンなどに比べると力が弱いので、狩りにはテクニックが必要です。そのため、チーターの親は、子どもたちに丹念に狩りの仕方を教えます。

幼いチーターのきょうだいたちは、じゃれ合って遊びます。哺乳類にとっては、遊ぶことが学ぶことです。

そして、お母さんチーターは獲物になりそうな草食動物の子どもを与えます。ところが、子どもたちはそれが獲物だとは気がつきません。なかには獲物である草食動物の子と遊んでしまおうとするチーターの子もいるというから驚きです。

しかし、やがてチーターの子たちは、獲物を覚えます。そして、獲物を追いかけ、狩りをすることを覚えていくのです。肉食動物は草食動物の狩りをしなければ生きていくことができません。それなのに、生きていくうえで最低限、必要なことさえ、母親に教わらなければできないのです。

カワウソは教わらないと泳げない…らしい

それでも哺乳動物は、「教え方は変化する」という戦略を選んだのです。

◆学習して親となる

カワウソは、水中をすばやく泳ぎ回って魚を捕らえます。魚を捕らえるためには、魚を上回るような泳力が求められます。カワウソは、優れたスイマーなのです。ところが、カワウソは生まれつき泳げるわけではありません。お母さんに泳ぎ方を教えてもらわないと、満足に泳ぐことができないのです。

カワウソの母親は、子どもを水の中に引きずり込みます。そして、強引に潜らせたり、子どもの首をくわえて水の中をいっしょに泳いだりするのです。こうして母親は、子どもに泳ぎ方を教えていきます。

無理やり泳がされる子どもたちは気の毒にも思えますが、泳いで魚を捕ることができなければ、カワウソとして生きていくことができません。そのため、教える母親も必死なのです。

それでは、カワウソの母親は、この「泳ぎの教え方」をどのようにして身につけたのでしょうか。本能に備わっているものなのでしょうか。

おそらく、そうではありません。

カワウソの子どもは、母親に泳ぎ方を教わります。そして、その母親を見て「教え方」

もまた学んでいたのです。大人に成長し、親になったカワウソは、自分がしてもらったように子どもに教えます。親もまた、子どもの頃に教え方を教わり、学んでいたのです。

動物園で人間に飼育された動物は、上手に子育てができなかったり、子育てを放棄することが知られています。最近では、動物園は動物を繁殖し、数を増やすことも重要になっているために、できるだけ子どもと親をいっしょに飼育したり、飼育員が親の子育てをサポートするようになっています。

私たち哺乳動物は、親もまた、親となるための練習が必要なのです。

◆教え方に正解はない

復習してみましょう。

哺乳動物は、「エサを捕る」という、生き物が生存するうえで、最低限に必要な技術さえも、学習して会得するという仕組みになっています。そして、子どもに学習させるというその技術もまた、学習して会得するという仕組みなのです。

もし、親が適切な学習をしていなければ、子どもを育てることができません。そして、子どもも適切な学習を受けなければ、生きていくことができません。

なんという危うい仕組みなのでしょう。

哺乳動物は、どうしてこんな危うい仕組みで命をつないできたのでしょうか。

しかし、これこそが、哺乳動物が発達させてきた「知能」という戦略ゆえのことです。

本能には、生きるための技術がプログラムされています。このプログラムに従えば、誰の助けを受けなくても、生まれたばかりの子どもは生きていくことができます。本能というのは、すばらしいシステムなのです。

ところが、本能には欠点がありました。

環境の変化に対応できないということです。どんなに状況が変化しても、生物は「本能」というプログラムに従って行動します。環境の変化に合わせて本能のプログラムが書き換えられるためには、長い進化の歴史を必要とします。それができなければ、時代遅れのプログラムのために滅んでしまうかも知れません。

一方、知能は、自分で状況を判断する力です。環境が変化しても、状況に応じて行動を変えることができるのです。しかし、知能にも欠点がありました。知能は、学習してたくさんの情報をインプットしなければ、何もすることができないのです。

本能にも知能にも、メリットとデメリットがあります。この二つの戦略のうち、哺乳動物は知能を選んで、進化を遂げたのです。

もっとも、哺乳動物にも本能はあります。生まれたばかりの赤ちゃんは教わらなくても母親のおっぱいを飲むことができるようになります。恋の季節になれば、オスはメスを好きになり、メスはオスのことが好きになります。環境が変わっても、変化することのない不変の行動は、本能にプログラムされているのです。

それでは、どうして哺乳動物の「生きる術」は、知能に依存しているのでしょうか。

◆生きる術は変化する

ライオンなどに比べて体の小さいチーターは、トムソンガゼルやインパラなどのあまり大きくない草食動物を獲物にします。しかし、いつもトムソンガゼルやインパラがエサになるとは限りません。環境が変われば、トムソンガゼルやインパラがいないかも知れません。その時は小さなネズミを捕らなければならないかも知れませんし、大きな獲物に挑戦しなければならないかも知れません。そのため、エサを捕るという「生きる術」は本能にプログラムしないのです。

カワウソはどうでしょうか。

環境によって泳ぎ方は変わります。棲んでいる川は、流れの速いところかも知れませんし、水深が浅い場所かも知れません。場所によって、獲物になる魚の種類も必要な泳ぎ方も変化することでしょう。哺乳動物は、不変のことには本能で対応しますが、変化することに対しては知能で対応するように進化をしているのです。

そして、子育てには知能を使います。

子どもがかわいいとか、子どもを守りたいと思うのは本能です。しかし、子育ての方法は、本能には何もプログラムされていません。それは、親が子どもに教えるべき「生きる術」が、時代や環境によって変わるからです。さらに、子どもによっても違うからです。「知能」は、もしかすると判断を誤るかも知れなかったり、うまくいかないかも知れないというリスクを常に負っています。

それでも哺乳動物は、「教え方は変化する」という戦略を選んだのです。

記号化できないものを、
認識できることが、
人間の能力なのです。

これ、何だ？

◆ＡＩにはできない「学び」

ＡＩ（人工知能）は、たくさんの情報を得て体験を積み重ねる「ディープラーニング」によって自ら学んでいきます。

囲碁や将棋であれば、ＡＩは私たち人間にはとても不可能なスピードで対局を繰り返し、私たち人間には手に入れられないような情報を獲得していきます。そして、今や囲碁や将棋の名人でさえも、とてもかなわないほどの強さを身につけているのです。

しかし今のところ、私たち哺乳動物の脳は、ＡＩにはできない「学び」ができることが知られています。

それが「シンボルグラウンディング問題」と呼ばれるものです。

シンボルグラウンディング問題は、当初、シマウマを例にして説明されました。たとえば、「シマウマとは縞《しま》のあるウマだ」と定義することにします。人間であれば、この説明だけあれば、今までシマウマを見たことがない人であっても、初めてシマウマを見たときに「これがシマウマだろう」と推察できます。

しかし、ＡＩにとって「縞のあるウマ」というのは、単なる文字に過ぎません。つまりは記号の羅列です。そのため、「ウマ」をまた文字で説明してあげなければならないのです。

それでは「ウマ」とは、どう定義づけられるのでしょうか。

「ウマ」は「四本足で蹄《ひづめ》のある存在である」、そう定義してみたらどうでしょうか。でも、これでは、ヒツジやキリンと区別をすることができません。つまり、記号の情報でインプットできないものを、ＡＩは学ぶことができなかったのです。

◆理解するためには、五感が必要だ

ただし、このシマウマ問題は、現在では解決しています。

画像認識です。

画像を情報としてインプットすることが可能になったため、たくさんのウマの画像と、たくさんの縞模様の画像をディープラーニングすることによって、ＡＩはウマと縞模様を理解できるようになります。そして、この情報からシマウマを理解することが可能になるのです。つまり、ＡＩが画像を認識する「目」を手に入れたことによって、シマウマの問題は解決されたのです。

最近では、インターネットなどで本人認証をするときに、パスワードなどの記号の羅列だけでなく、「あなたは人間ですか？」などという質問とともに、「この中からウマの写っている写真をすべて選びなさい」のような画像認識をさせることがあります。ウマについて徹底的にディープラーニングをしたＡＩであれば、この問題を解くことができるかも知れませんが、ふつうのＡＩには、このような記号化できないものを認識することは難しいのです。

記号化できないものを、認識できることが、人間の能力なのです。

そして、この記号化するための武器が「目」でした。つまりは五感です。五感とは、目で見る視覚、耳で聞く聴覚、鼻で嗅ぐ嗅覚、舌で味わう味覚、肌で感じる触覚の、五つの感覚のことを言います。

ＡＩは、画像認識という「目」を手に入れつつあります。

しかし、「シンボルグラウンディング問題」は依然としてＡＩにとっての壁になっています。人間の五感は、まだまだＡＩは手に入れることができないのです。

機械のセンサーは塩分濃度や糖度を正確に測ることができますが、「おいしい」という感覚はなかなか測ることができません。温度や湿度は正確に測ることができても、「肌寒い」という感覚は理解できません。

人間の五感は、それだけ優れているのです。

◆体験によって認識する

私たちは視界を閉ざされてウマの姿を見ることができなくても、ウマの鳴き声でウマだと認識することができます。あるいは、目隠しをされて、ウマとヒツジとキリンの形をしたおもちゃの模型を渡されても、手で触れば、その中からウマを選ぶことができるでしょう。

それが人間の能力です。

しかし、それは私たちがウマをよく知っているからです。

たとえば、私たちはパンダの鳴き声を聞いても、それがパンダだと認識できません。それは、パンダの鳴き声を知らないからです。さらに言えば、目隠しをして、古生代に生きたハルキゲニアという生物の模型を触っても、それがハル

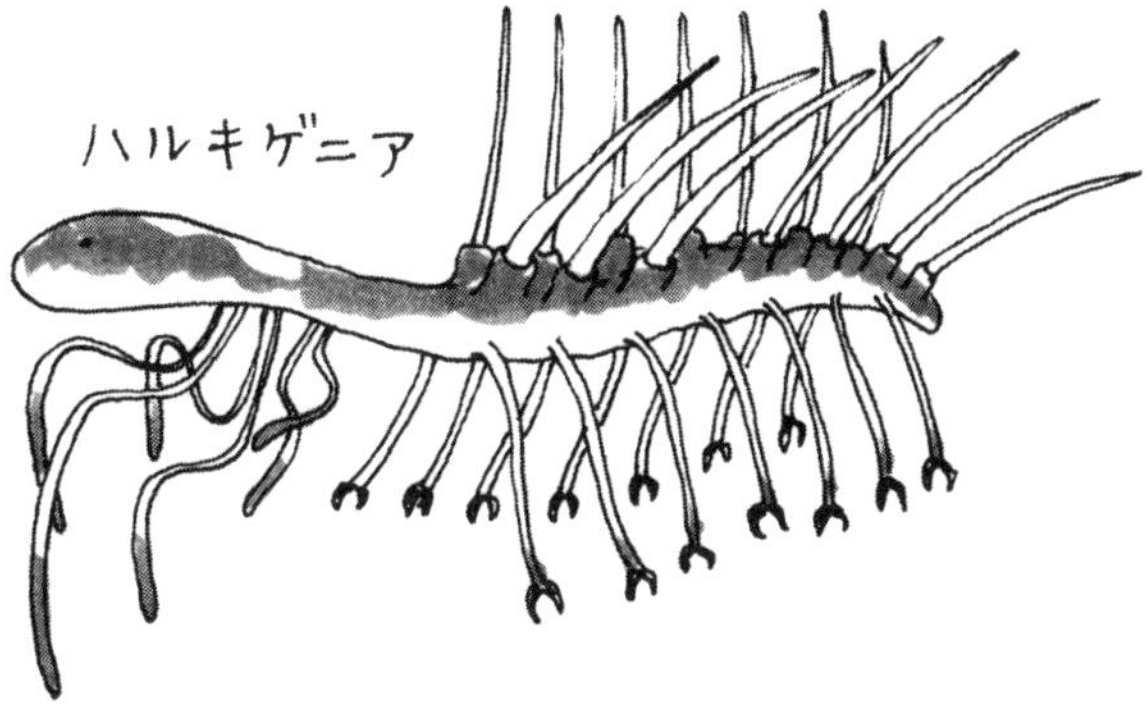

キゲニアだとはわからないでしょう。ハルキゲニアを知らないからです。

ちなみに、私が暮らす静岡には「みるい」という言葉があります。「みるい」は「やわらかい」という意味です。

しかし、綿のようなやわらかさや、パンのようなやわらかさとは違います。植物の新芽のようなやわらかさが「みるい」です。

「みるい」には若芽のような「若い」という意味があります。しかし、ピチピチした若さではありません。「みるい」は未熟な感じの若さです。そのため、「みるい」という言葉は、少しバカにしたような感じで使うこともあります。

それでは、未熟を意味する「青い」と同じかと言えば、「青い」ともまたニュアンスが違います。「みるい」は「みるい」なのです。

みなさんのところにも、標準語で説明できない、そんな方言はないでしょうか。

「みるい」のニュアンスは標準語という記号では説明することができません。「みるい」を理解するためには、たくさんの体験を経て、「みるい」の感覚を身につける必要があるのです。

二億年前には、国語も算数もなかった

基本的な情報は
自然からしか
得られないような
気がします。

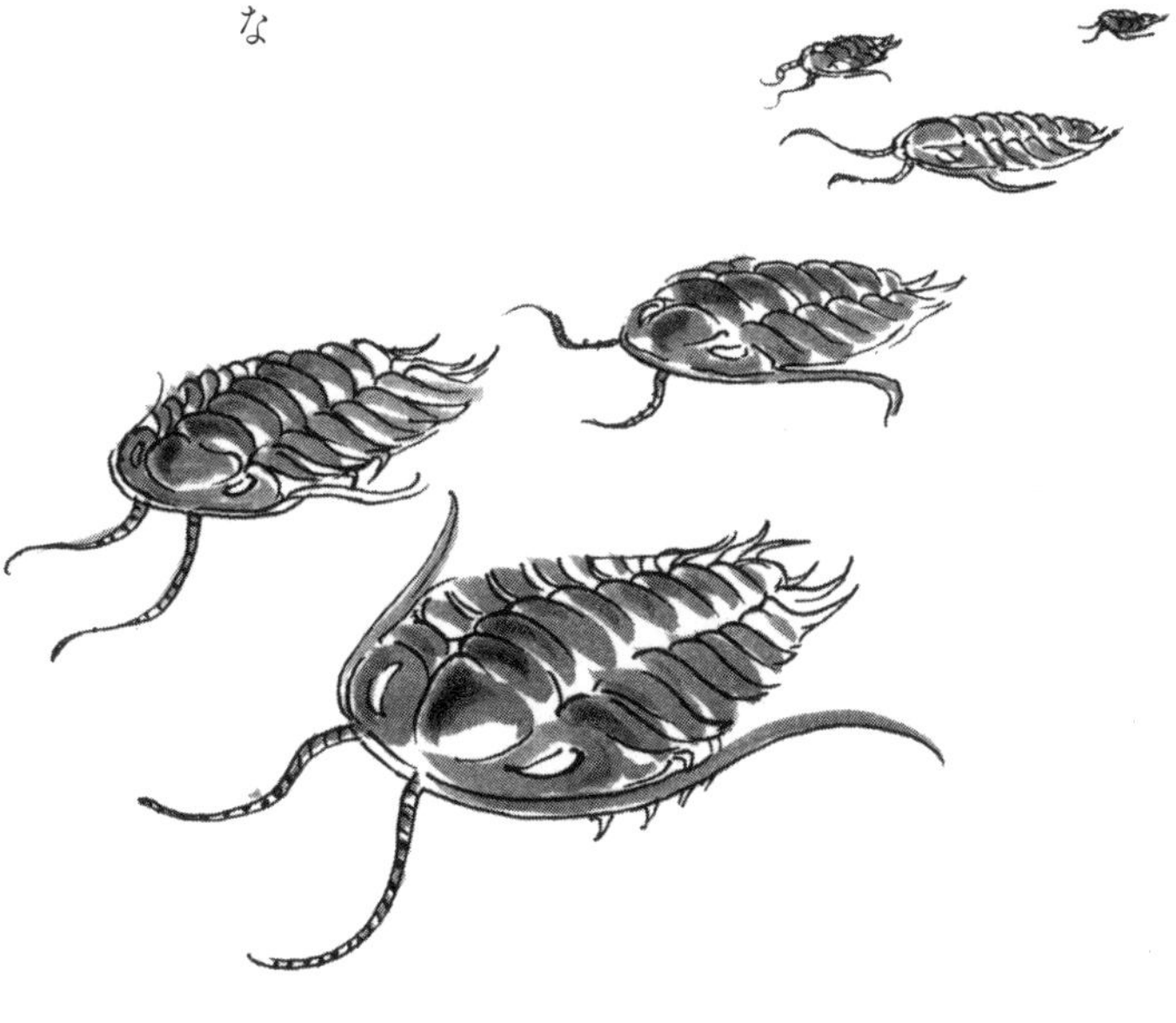

◆知能に必要な経験

動物の「本能」は、自然界の中でプログラムされています。

たとえば、トンボは水面と間違えてブルーシートに卵を産んでしまうことがあると言いました。ブルーシートのなかった昔は、トンボはそんな間違いをする心配がなかったからです。

鳥のヒナは、生まれてすぐ目にした動くものを親だと認識します。もし、それが電池で動くおもちゃだったとしても、それを親だと思ってしまいます。おもちゃのない自然界では、初めて目にする動くものは、必ず「親」です。そのため、間違えることはないのです。動物の「本能」は、自然環境を基本としてプログラムされているため、最近の人工物を把握することができないのです。

私たち哺乳動物は、「知能」を発達させています。知能を発達させた哺乳動物は、ブルーシートと池の区別がつきます。おもちゃと親の区別がつきます。人間が作り出したブルーシートやおもちゃを認識することができるのです。

この「知能」は、経験によって発達する仕組みになっています。

ところで、パソコンやスマートフォンは、最初に初期設定を行います。

それでは、動物の知能にとって初期設定となる「経験」とは、どのようなものなのでしょうか。

◆知能が必要としてきたもの

パソコンは、最初はただの箱に過ぎません。そこにウィンドウズのようなOS（オペレーティングシステム）をインストールして、初期設定を行います。インターネットや電子メールの環境を整えます。辞書のソフトやワープロソフトをインストールすれば、文章を入力することができるようになります。表計算ソフトをインストールすれば、計算できるようになります。描画ソフトを入れれば、イラストを作成することができます。

こうしてパソコンは、パソコンとして機能するようになるのです。

スマートフォンも、最初はただの箱に過ぎません。初期設定をすることによって電話やメールが使えるようになり、アプリをインストールすることによって、さまざまな機能を使えるようになります。

こうしてスマートフォンは、スマートフォンとして機能するようになるのです。

人間の脳も、最初はただの箱のようなものです。それでは、人間の脳が人間の脳として機能するために、最初に必要なことは何でしょうか。

それは、けっして国語や算数の知識ではないような気がします。どんなにえらそうにしてみても、人間も動物の一員に過ぎません。哺乳動物は、二億年前からそんなに大きく変わっていません。

二億年前に哺乳動物が手に入れた「知能」は、生命が生きるためのシステムです。私は、生きるための「知能」を働かせるための、もっとも基本的な情報は、自然からしか得られないような気がします。自然の中のものを見たり、聞いたり、触ったり、五感を使って自然から情報を得ることが、まずは大切なように思えるのです。

国語や算数などの知識は、所詮は人間が人間として生きていくために必要なものです。しかし、それらはＡＩがもっとも得意とする記号化されたものです。

人間の脳は「感覚」というＡＩには理解できないものを理解することができます。その「感覚」を発達させるために必要な最初の初期設定は、自然環境に感覚で触れることであるような気がするのです。

◆思い出に残らない体験にも意味がある

子どもたちはたくさんの体験をします。

思い出として一生残る体験もあります。しかし一方で、まったく記憶に残らないものもあります。親が子どものために用意し、親にとっては一生の記念に残るような体験であっても、子どもはまったく覚えていなくて、親としてはガッカリさせられることもあります。

しかし、それでよいのです。

子どもたちの体験は、思い出を作るためのものではありません。

体験を積み重ねて、知能は機能を高めていきます。体験のすべてが楽しいものである必要はありません。つらい記憶も、悲しい記憶も、寂しい記憶も、切ない記憶も、すべてが脳の機能を高めていくのです。

植物に与えた水や肥料が、葉を茂らせて花を咲かせるように、私たちが食べたものが骨や筋肉になるように、一つ一つの体験は形を失ってしまっても、その蓄積が子どもたちの「知能」を創り上げていくのです。

◆「知能」を最大限に活用する哺乳類の親

私たち哺乳類は、子育てをする動物です。それでは、同じく子育てをする鳥はどうでしょうか。

鳥たちも巣を作り、卵を温め、ヒナを育てます。

鳥は知能を持つ動物です。

たとえば、身近なところではカラスの知能の高さは、よく知られています。ゴミを収集する曜日を覚えていて、ゴミ捨て場の近くに集まってきたり、硬いドングリを道路に置いて車に踏ませて割って食べているカラスもいます。これは生まれつき身につけていた本能ではありません。経験や学習から身につけたものです。

しかし、鳥は哺乳動物に比べると、多くの部分を本能に頼っています。

たとえば、アヒルやニワトリの生まれたばかりのヒナ鳥は、初めて目にした動くものを親鳥と認識して、後をついていく習性があることが知られています。これも本能によるものです。あるいは、渡り鳥が迷わずに目的地に向かって飛ぶことができるのも本能によるものです。

哺乳動物の場合は、肉食動物は子どもに狩りの仕方を教えますし、カワウソの子どもは親から泳ぎ方を教わらなければ、泳ぐことさえできません。それに比べて、鳥たちは自分でエサを捕ることができますし、成長した鳥のヒナは教わらなくても巣から飛び立ちます。哺乳動物に比べると、鳥は本能で行動できる部分が多いのです。

どうしてでしょうか。

鳥は子育てをする生き物ですが、親鳥たちはヒナにエサを運ぶのに精いっぱいです。そのため、鳥の子育てでは、子どもたちにさまざまなことを教えている余裕がないのです。つまり、知能を活かしきることができずに、本能に頼らざるを得ないのです。

一方、哺乳類はどうでしょうか。

哺乳類は、母親が母乳によって子どもを育てます。乳で子どもを育てるということは、哺乳類が進化の過程で手に入れた画期的なシステムです。このシステムによって、哺乳類は子どもたちのためにエサを集めなくても、子育てができるようになりました。そして、その余裕を利用して、哺乳類の親は、子どもたちを遊ばせたり、子どもたちに色々なことを教えることができるようになったのです。

「知能」を発揮するためには、親による保護と、親の保護のもとで経験を積み重ねるという「子育て」が必要です。そして、この子育てによって、哺乳類は「知能」という能力を存分に発揮することができるようになったのです。

カバの口が大きい理由

哺乳動物では、
そのルールを教える
存在こそが、
オスなのです。

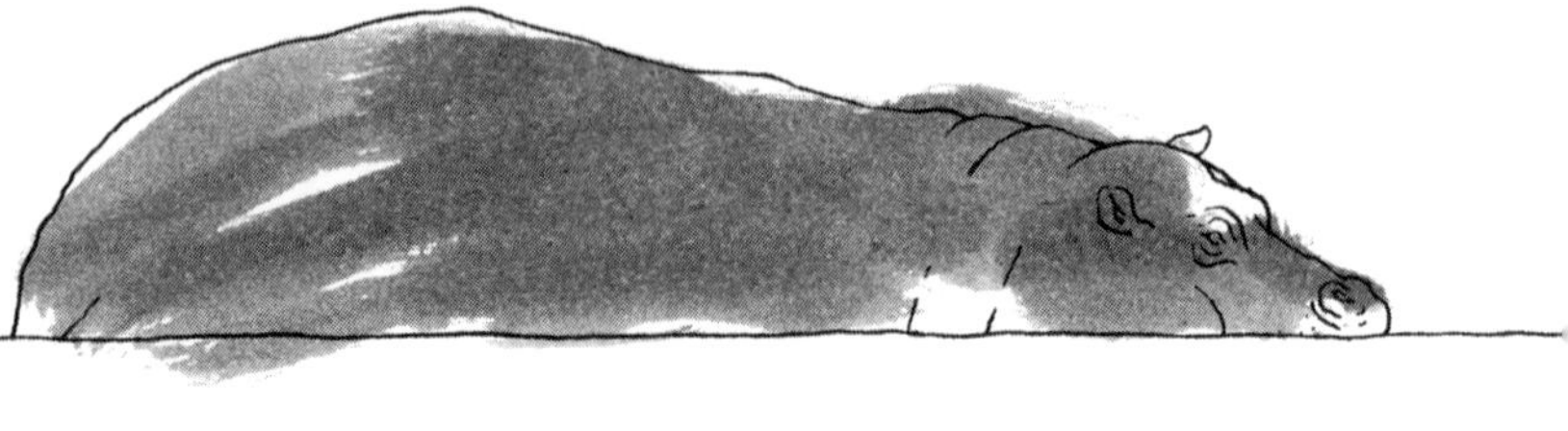

◆子どもたちにとって「親」とは何か？

子どもたちにとって、「親」とは、どのような存在なのでしょうか。

子どもたちは、どのようにして「親」を認識するのでしょうか。

辞書を引くと、「親」とは「子を持つ人のこと。また、人間以外の動物にもいう」と書かれています。「子を持つ人」と言われても、当の子からしてみれば、何が親なのかわかりません。

鳥にとって、それは簡単です。鳥にとって「親」とは、「生まれて初めて見た動くもの」です。ヒナ鳥の頭の中にはそうプログラムされています。

鳥は、親鳥が卵を温めます。そのため、親を定義づけるこのプログラムは、もっとも簡単で、もっとも適確なものです。

自然界で、このプログラムが問題を起こすことはまずありません。しかし本能は、想定されていない状況に対して、対応できないという欠点があります。意地悪な人間が実験的に、生まれたばかりのヒナに機械仕掛けのおもちゃを見せると、ヒナたちはそのおもちゃを親だと認識して、おもちゃの後をついて歩きます。自然界で目の前におもちゃが現れることはまずありませんが、鳥にとって「親」とは、そういうものなのです。

それでは、哺乳類にとって親とは何でしょうか。

生まれたばかりの子どもにとっては、何が親なのかわかりません。しかし、哺乳類の親は子育てをします。子どもにとっては、子育てをしている存在こそが親です。

動物園では、親の代わりに人間が動物の子どもにミルクをあげたり、エサをあげたりすることがありますが、そうして育てられた動物の子どもは、人間のことを「親」だと思っているかも知れません。しかし、生きていくうえで、それでまったく問題はありません。自分を守り、育ててくれる存在であれば、どんな種類の生き物だったとしても、それは「親」です。それで何の不自由もないのです。

◆「知能」が生み出したもの

生物の多くは、「本能」を発達させることによって、生きる術を身につけています。

これに対して、哺乳類は「子育て」によって、「知能」を活用することを可能にしました。「本能」が、自然界を生き抜くための最低限のプログラムであるのに対して、「知能」は、環境に応じてそのプログラムを変化させてアップデートしたり、新しい形にグレードアップできるようにするものなのです。

そのため、哺乳類の世界では、本能のみで生きる生き物には見られないような、高度なプログラムが見られます。

それが「ルール」です。

たとえば、カバのオスは口を大きく開けて、口の大きさを競い合います。別に口の開け方が小さかったからといって、力の強さが否定されたわけではありません。本当は、力づくで勝負を挑むことだってできますし、実際に激しい戦いになることもないわけではありません。しかし、カバの世界には、「口の開け方の大きい者が勝者である」というルールがあります。このルールを破って卑怯な戦いをすれば、オス同士が傷つけ合い、結果としてカバの群れ全体が弱くなってしまいます。どのオスも争いに明け暮れて傷ついていれば、肉食動物に襲われやすくなってしまうかも知れません。他のカバの群れになわばりを奪われてしまうかも知れません。

口が大きいことが、本当に強さの証しなのかどうかは、わかりません。自然界で重要なことなのかどうかはわかりません。しかし、無用な争いを避けて群れが生き残るために、口の大きさで勝負を決めるという、高度なルールを発達させているのです。

世界でもっとも大きなシカであるヘラジカは、とても立派な角を持っています。シカの角は戦うための武器ですが、ヘラジカの角は大きすぎて、武器にするには使いにくいくらいです。

じつは、ヘラジカの世界では角の大きさで勝敗が決まります。角が大きければ、もうそれで勝ちなのです。同じぐらいの大きさの角の場合は、少し角を突き合わせるくらいのことはありますが、それでも、本気で戦うようなことはありません。

オオカミやライオンなどのオスは、ときに激しく戦い合いますが、殺し合うまで戦うことはほとんどありません。どちらかが降参するか、逃げるかすれば勝負はおしまいです。

生き抜いていくために、こんな高度なルールを発達させたのです。

◆父親の存在

戦わずに勝敗を決める。こういった高度なルールは、知能が得意とするところです。

しかし、「激しく戦い合えば、死んでしまう」「みんなで戦い合えば群れが滅んでしょう」という、そんな危険な体験を簡単にすることはできません。そのため、そのルールは誰かが子どもたちに教え伝える必要があります。

哺乳動物では、そのルールを教える存在こそが、オスなのです。

メスには体の中で胎児を保護し、母乳で子どもを育てるという大切な役割があります。

そして、オスが子どもにルールを教えていくという役割分担をしているのです。

哺乳動物の中には、オスが子育てに参加しないものもたくさんありますが、群れを作って暮らす動物のように、ルールが必要な場合は、オスの役割が重要になります。

哺乳動物は、
「子育ての方法」を
本能ではなく、
知能に委ねました。

ゴリラのボスは、育メンらしい

◆ゴリラの子育て

人間に近いと言われるゴリラのオスの子育ての例を見てみましょう。ゴリラはオスが子育てをすることが知られています。

ゴリラは、一頭のオスがリーダーとなり、複数のメスを率いて群れを作ります。子育てといっても、小さな子どもの面倒をみるのは母親の役割です。何しろ、ゴリラの赤ちゃんはとても小さいのが特徴です。生まれてくるときの体重は二〇〇〇グラムにも満たないほどです。この小さな赤ちゃんは、三歳になるまで母親から乳をもらって育つというから、ずいぶん甘えん坊です。

子どもが小さなうちは、母親がずっと抱っこして、愛情を注ぎます。

しかし、子どものゴリラが離乳する頃になると、オスのゴリラにも出番が回ってきます。母親がオスのゴリラのところへ、子どもを置きにくるようになるのです。

ゴリラの群れには複数のメスがいます。他のメスのゴリラも同じように子どもを連れてくるので、オスのゴリラのまわりは子どものゴリラでにぎやかになります。

まるで幼稚園のようです。ゴリラの幼稚園では、子どもたちが互いに遊んでいます。

オスゴリラは、子どもたちの面倒をみることはありません。子どもたちが遊ぶ様子を見守っているだけです。しかし、子どもたちがケンカを始めると仲裁に入ります。

オスのゴリラの仲裁は平等です。年下の子どもや、攻撃を受けたほうの子どもを保護します。こうして、子どもたちにゴリラ同士のルールや社会性を教えているのです。

集まってきた子どもは、すべてオスのゴリラの子どもですから、えこひいきすることはありません。しかし、母親だと、こうはいきません。母親は自分が産んだ子どもがかわいいので、どうしても自分の子どもをかばってしまいます。

それでは群れが治まらないので、オスのゴリラが子どもたちの面倒をみるのです。そして子どもたちは、オスのゴリラのもとで「社会のルール」を身につけていくのです。

やがて、子どもたちも成長するにつれて、母親のところと父親のところを行ったり来たりするようになります。それはまるで、「甘え」と「自立」の間を行ったり来たりしている思春期の子どものようです。

そして、子どもたちは母親のベッドではなく、父親のベッドで寝るようになり、さらに成長すると父親のベッドの近くに自分のベッドを作って眠るようになります。自分のベッドを作ることが、ゴリラにとっての自立の証しなのです。

ゴリラは成熟した大人になるのに、十〜十五年の期間を必要とします。これは、哺乳動物の中でもかなりの長さです。このような長い期間をかけてゆっくりと子育てをすることができるのは、ゴリラに子どもを守る力がある証しでもあるのです。

そして、ゆっくりと成長するということは、それだけ大人になるために、学ぶことが多いということでもあるのです。

◆経験によって親になる

動物園で人間に育てられたゴリラは、子育てができないと言われています。

ゴリラの子育ては複雑です。この子育てを受けて大人になったゴリラが、初めてこの複雑な子育てをすることができるようになります。ゴリラの子どもは、ゴリラの両親に育てられて、初めてゴリラになるのです。

子育てを通じて、子どもは「親」という存在を認識します。一方、親自身も子どもを育てることによって親になっていきます。

親にとっては、子どもを育てることも経験であり、知能で学習すべきことです。

鳥は、子育ての仕方は本能にプログラミングされているのでしょう。教わらなくても、木の枝を集めて巣を作り、教わらなくても卵を温めます。そして、エサを集め、ヒナたちにそのエサを与えるのです。

ところが哺乳動物は、鳥に比べて、さらに「知能」を活用する術を身につけています。言い換えれば、知能で学習しなければ、子育てさえすることができないのです。

◆学ぶことはマネること

子どもたちは、遊ぶことを本分としています。とにかく子どもたちは遊びます。お母さんのマネをしてままごとをしたり、駅員のマネをして電車ごっこをします。大人のマネをして電話をかけてみたり、車の運転のマネをしてみたりします。なかでも子どもたちは、大人のマネをする「ごっこ」遊びが大好きです。

ごっこ遊びが好きなのは、人間の子どもだけではありません。

サルの仲間も少女になると赤ちゃんザルに興味を持ち、抱っこしたがります。この経験があるサルは自分の子を不器用ながらも育てることができますが、この経験をしていないサルは自分の子を育てられないそうです。動物園のサルがそうです。

ごっこ遊びは、いわば模擬練習です。

哺乳動物の子どもたちは大人のマネをします。そして、「子どもを育てる」という哺乳動物にとってはもっとも重要な技術も、遊びを通して学ぶのです。

ちなみに人間では、若い女性のほうがモテる傾向にあるようですが、チンパンジーは若いメスよりも、年齢を重ねた年増のメスのほうがモテるようです。

若いメスには子育ての経験がありません。年を経たメスのほうが子育てが上手です。そのため、年齢が上のメスのほうがモテるのです。

多くの生物は本能で「子育て」をします。人間の子どもに対する愛情も、本能による部分があるかも知れません。しかし、哺乳動物は、「子育ての方法」を本能ではなく、知能に委ねました。

そのため、哺乳動物の子どもたちが経験と学習によって生きる術を身につけるように、親もまた、経験と学習によって子育ての術を身につけるシステムになっているのです。

第3章

「ふつう」ってなんだろう

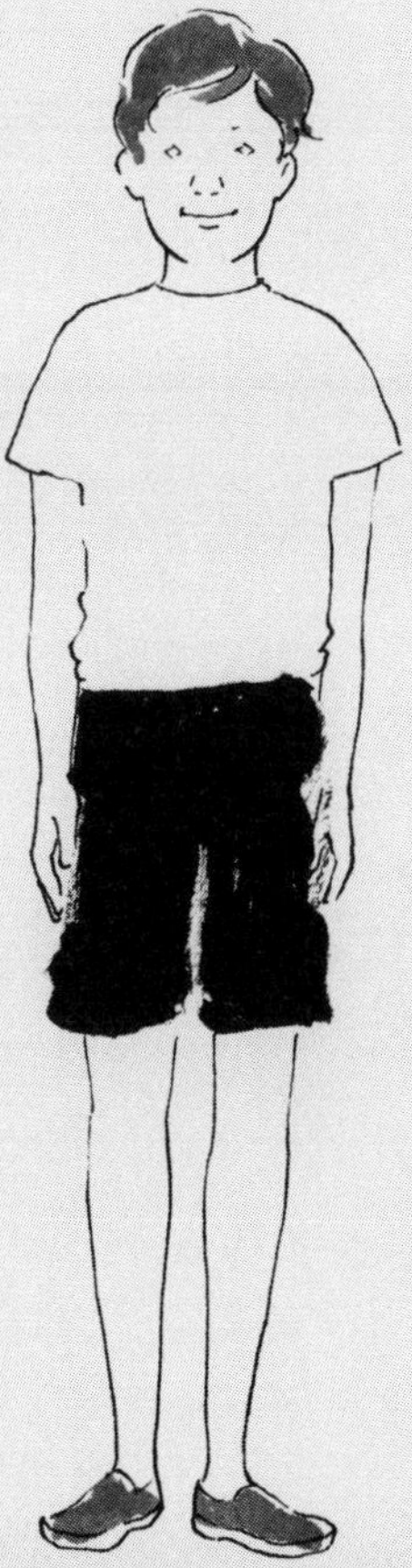

くっつき虫の実の中を見たことがありますか？

オナモミの実は、
性格の異なる
二つの種子を
持っているのです。

◆早い成長とゆっくりな成長

みなさんは、「オナモミ」という雑草を知っていますか。

トゲトゲした実が服にくっつくので「くっつき虫」という別名もあります。オナモミの実は知っていても、この実の中を見たことのある人は少ないのではないでしょうか。

オナモミの実の中には、やや長い種子とやや短い種子の二つの種子が入っています。

この二つの種子は性格が違います。

二つの種子のうち、長いほうの種子は、すぐに芽を出すせっかちな性格です。一方の短いほうの種子は、なかなか芽を出さないのんびりとした性格です。オナモミの実は、性格の異なる二つの種子を持っているのです。

それでは、このせっかちな種子とのんびりとした種子は、どちらがより優れているのでしょうか。

そんなこと、わかりません。

もしかしたら、早く芽を出したほうがよいかも知れません。

「善は急げ」や「先んずれば人を制す」ということわざがあります。

他の植物に先駆けて芽を出すということは、それだけ有利なような気もします。

一方、「急《せ》いては事をし損じる」ということわざもあります。「ゆっくり行く者は遠くまで行く」という格言もあります。

早く芽を出しても、その場所はまだ環境が整っていないかも知れません。早く芽を出したことによって、人間に草取りされてしまうかも知れません。

早く芽を出したほうがいいかも知れないし、遅く芽を出したほうがいいかも知れない。

そこでオナモミは、二つの種子を用意しているのです。

つまり、種子に「個性」を持たせているのです。個性があることは、オナモミの戦略なのです。

◆「個性」という戦略

成長が早い子どもと、成長がゆっくりな子どもがいます。

体の大きい人と、体の小さい人がいます。

作業の早い子どもと、作業がゆっくりな子どもがいます。

覚えの早い子どもと、ゆっくりと覚える子どもがいます。

はたして、どちらが良いのでしょうか。

オナモミの答えは決まっています。

そう、どちらが良いかは決められない、ということです。どちらが良いか決められないということは、どちらもあることがよいのです。

自然界の生物は、このようにバラバラな性質を持っていることがよくあります。

オナモミのような雑草は、早く芽を出したり、遅く芽を出したり、バラバラです。抜いても抜いても雑草が生えてくるのは、そのためです。

いつ芽を出したらよいのか、という問いに対して答えはありません。答えのないものに対して、自然界の生物は「バラバラであること」で乗り越えようとしているのです。

タンポポの葉っぱにも、ギザギザの鋭いものやギザギザの少ないものなど、さまざまな形があります。どうして葉っぱの形はバラバラなのでしょう。

その理由はわかりません。

しかし、バラバラであるということは、きっとバラバラである理由があるのでしょう。

ギザギザが少ないほうが、光が当たる面積が広くなるのかも知れません。ギザギザが鋭いほうが、葉っぱ全体に水を行き渡らせるのには、有利なのかも知れません。

その理由はわかりませんが、葉っぱの形に個性があるということは、その個性に意味があるということに間違いありません。

一方、葉っぱの形は個性がありますが、タンポポの花の色には、個性がありません。

タンポポはみんな黄色い色をしています。それはなぜでしょうか。

タンポポの花は、アブなどの昆虫を呼び寄せます。アブなどの昆虫は、黄色い花に集まりやすいという特徴があります。そのため、タンポポの花は黄色い色をしているのです。

タンポポの花の色は黄色が正解です。正解のあるものにバラツキはありません。

バラバラであるということは、何が正しくて、何が優れているか、わからないということなのです。

◆指の本数に個性はない

人間の手の指は、親指、人差し指、中指、薬指、小指の五本です。

子どもも大人も、指の数は同じです。産まれたばかりの赤ちゃんも、五本指です。みんな指の本数は変わらないのです。成長するにつれて、手の指の本数が増えていくということはありません。大人にとっても子どもにとっても、指は五本がもっとも便利です。そのため、人間の指は五本と決まっているのです。

目の数は誰もが二つです。成長したから目の数が増えるということはありませんし、目が三つの人が優れているということもありません。

しかし、私たちの顔はみんな違います。指の太さや長さにも個性があります。

体の大きい人も、小さい人もいます。

人間の体の大きさは、大きいほうが有利なときもあれば、小さいほうが有利なときもあります。大きい人ばかりの集団よりも、大きい人と小さい人がいる集団のほうが、色々なことができます。だから、人間の体の大きさは人によって違うのです。

生物は長い時間をかけて、進化を遂げてきました。

人間も同じです。長い進化の過程で、人間は生きるのに適した形に進化しています。指の数は五本と決まって進化しています。一方で、体の大きさは大きい人と小さい人がいて、バラバラになるように進化しています。

バラバラであるということも、生物が進化の結果、手に入れてきたものなのです。

脳は「たくさん」が苦手

私たちの脳は本質的に、
「たくさんある」ということ
が苦手なのです。

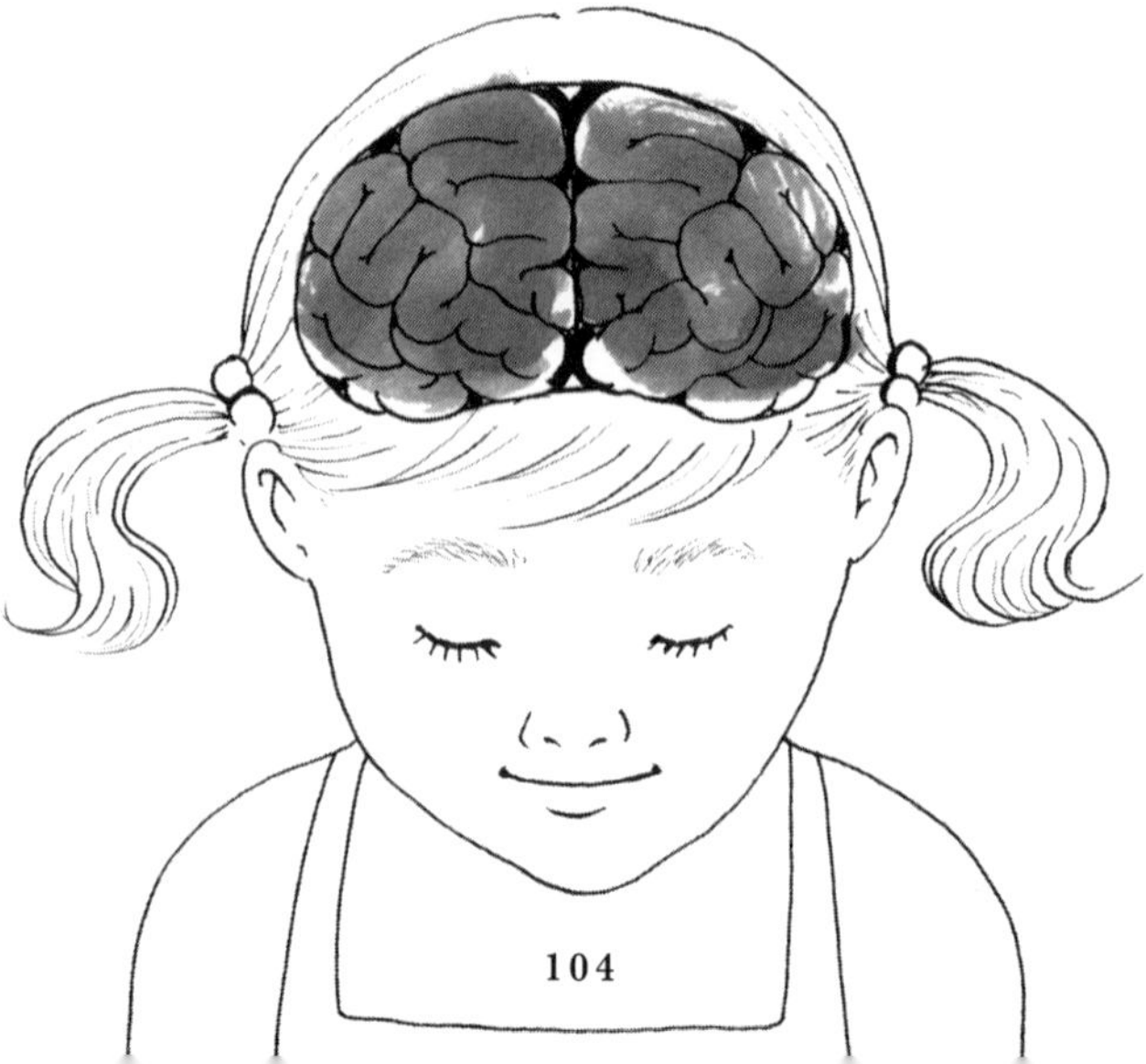

◆バラツキを許さない存在

私たちの成長はバラつきます。

早く成長する人もいれば、ゆっくりと成長する人もいます。

大きく成長する人もいれば、大きく成長しない人もいます。

このバラつきこそが、「生物の戦略」です。しかし、このバラつきを許すことのできない存在があります。

それが、私たちの脳です。

何しろ、人間の脳は複雑なことが苦手です。

「マジカルナンバーセブンの法則」と呼ばれる法則があります。人間が一度に記憶できる数は、七つくらいまでだというものです。

本当でしょうか。

次のページのイラストを覚えてください。制限時間は三十秒です。

それでは、また次のイラストを見てみます。なくなったものは何でしょう。

10
令和元年

答えは、だるまです。たった十個の項目でも覚えられなかったのではないでしょうか。
それでは、これはどうでしょう。

イラストは七個以上ありますが、これは覚えられたかも知れません。それは、全体が「桃太郎」という一つの話になっているからです。このように、関連づけて整理することができれば、脳はようやく七個以上のものも覚えることができるようになります。

◆たくさんあることが苦手

イラストでは難しすぎたかも知れません。それでは、数字ではどうでしょう。
次の数字を覚えてみてください。制限時間は五秒です。

4

3

7

どうですか？　少し簡単すぎたでしょうか。

それでは、次の数字はどうですか？　これも制限時間は五秒です。

5

1

8

9

2

これも簡単だったでしょうか。

それでは次の数字はどうでしょう。制限時間は同じく五秒です。

2　　　6

4

3

3

5

1

9

いかがでしょうか。

最初の二問は、簡単に覚えられたことでしょう。しかし、三問目はなかなか難しかったのではないでしょうか。

それでは、三問目の問題では、数字はいくつあったと思いますか？

正解は八つです。

たった八つなのです。

私たち人間は、コンピューターを作り出すようなすごい存在です。そんな人間の優れた脳なら、百でも一万でも一億でも、理解できそうなものです。しかし実際は、私たちの脳は、両手で数えられるほどの量の数字を把握することさえ苦労してしまうのです。

私たちの脳は本質的に、「たくさんある」ということが苦手なのです。

◆「たくさん」を理解する方法

用意されたものが言葉（イラスト）のときは、「桃太郎」というお話として整理することで、人間の脳は理解をすることができました。

それでは、数字はどうでしょうか。

たとえば、こうしてみたら、どうでしょう。

6 2 4 3 5 1 9 3

こうやって、バラバラだった数字を一列に並べてみると、ずいぶんと覚えやすくなるでしょう。

さらに、こうしてみたらどうでしょう。

1 2 3 3 4 5 6 9

今度は、小さい順に並べてみました。

すると、「3」が二つあったことや、1〜9の数字の中で、「7」と「8」がなかったことなど、いろいろなことがわかります。

このように並べたり、順番をつけたりして整理をすると、人間の脳は「たくさん」を理解しやすくなります。
人間の脳は、一列に並べて順番をつけるのが大好きなのです。
学校の成績もそうではないですか？

残念ながら、
私たちの暮らす
人間社会は
バラバラを
好みません。

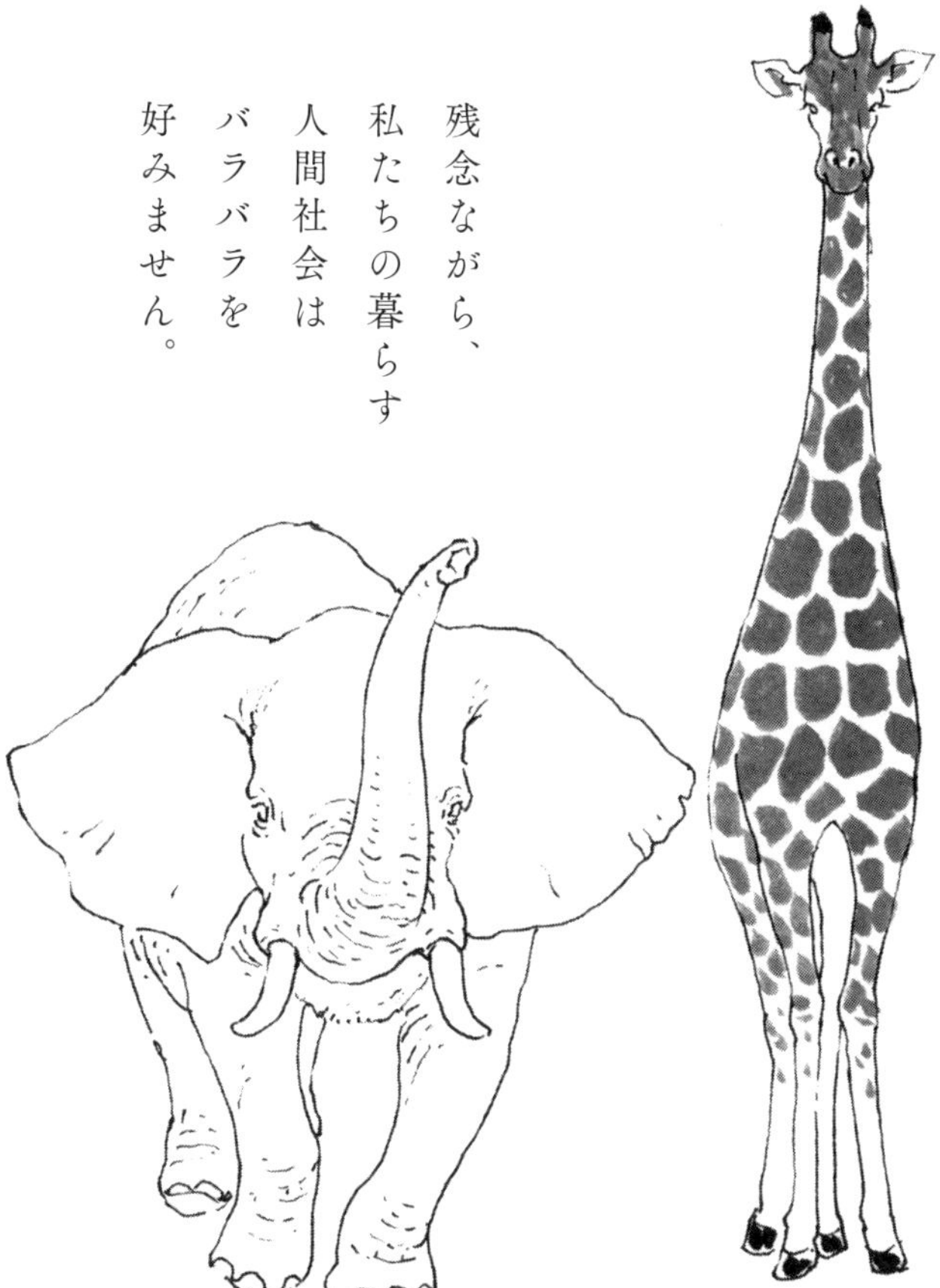

ゾウとキリン、
大きいのはどちら？

◆便利な発明

生物の世界はバラつきます。

Aという生物とBという生物は、どちらが大きいでしょうか。A、Bともに五つの個体があるとして、その重さを量ってみましょう。

Aという生物の重さは、それぞれ三キログラム、八キログラム、二キログラム、四キログラム、二キログラムでした。

一方、Bという生物の重さは、それぞれ五キログラム、四キログラム、三キログラム、四キログラム、五キログラムでした。

どちらの生物のほうが大きいでしょうか。

なんだかよくわかりません。そこで、こんなときに人間の脳が理解できるように、人間が作り出したのが、「平均値」という名の幻です。

Aという生物の重さの平均値は、三・八キログラムでした。Bという生物の重さの平均値は四・二キログラムでした。このように平均値を出すと、Bのほうが大きいとわかります。

平均値を発明したことによって、人間はＡとＢとを比べることができるようになったのです。

しかし、本当にＢのほうが大きいでしょうか。平均値はそうですが、Ａの中にも大きいものがいます。また、Ｂの中にも小さいものがいます。

ちなみにＡは小型犬で、Ｂはネコだったとしましょう。イヌとネコの大きさを比べるのに、体重で比べて本当によいのでしょうか。そもそも、イヌとネコを比べることに、何か意味があるのでしょうか。

平均値は便利ですが、所詮はその程度のものなのです。

◆「ものさし」がないとわからない

次のページのイラストを見てください。たくさんの動物がいます。

この中で一番、大きい動物は何でしょうか。

ゾウでしょうか。

しかし、キリンはどうでしょうか。ゾウよりもキリンのほうが、背が高いようです。

それでは、これらの動物を大きい順に並べることはできますか？

サイとカバとバッファローとゴリラでは、どれが大きいのでしょうか。

そもそも、大きさって何でしょうか。身長でしょうか、それとも体重でしょうか。

「高さ」も「長さ」も「重さ」も、ただ一つの指標に過ぎません。たった一つの指標で比べることしかできないのです。

それでは、この中で一番、強い動物は何でしょうか。

トラでしょうか。ライオンでしょうか。それとも、ゴリラでしょうか。

そもそも、トラとライオンとゴリラとは棲んでいる場所が違いますから、戦うことはありません。もし、どこかで出くわしたとしても、動物は無用な戦いは避けようとしますから、やはりお互いに戦うことはないでしょう。

そもそも、「強い」って何なのでしょうか。砂漠で乾燥に強いのはラクダですし、寒さに強いのはシロクマです。

それでは、この中で一番、賢い動物は何でしょうか。

ゴリラでしょうか。それとも、イルカでしょうか。

そもそもゴリラとイルカと、どちらが賢いかをどうやって比べればよいのでしょうか。

どちらが大きいとか、ゴリラとイルカを比べる必要なんて、あるのでしょうか。

し、どうでもいいことです。それでも、人間は比べたがります。そして、そのために、比べる指標を作り出します。

それが、人間の脳のクセなのです。

◆バラバラは都合が悪い

人間の脳は、複雑なものを整理することによって理解します。

そのために平均値を出したり、比べたりします。

しかし、人間の脳の問題は、自分たちが作り出した「平均値」を正しいものだと崇拝してしまうことなのです。

生物はバラバラです。バラバラであることが生物の価値です。

しかし、「たくさん」が苦手な人間の脳は、それでは困ります。そのため、人間は、バラバラな生物をそろえる努力をしてきました。

たとえば、人間が栽培する野菜は、バラバラでは困ります。同じ時期に芽が出て、同じ時期に収穫できるほうが便利です。あるいは、大きさもそろっているほうが、箱に詰めたり、並べて売るときに便利です。そのため、できるだけバラバラでないようにしてきたのです。

私たち人間も生物です。自然界の生物と同じようにバラバラです。そこに優劣はありません。むしろ、バラバラであることに価値があるのです。

ただし残念ながら、私たちの暮らす人間社会はバラバラを好みません。

そして、悲しいことに、まるで野菜を管理するかのように、自分自身までバラバラではない、画一的な社会に押し込もうとしてきてしまったのです。

ふつうのイヌって、どんなイヌだろう

平均値も偏差値も、
人間が理解するのに
便利だから、
使っているだけなのです。

◆「ふつう」なんて、存在しない

平均値という便利な道具を作り出した人間が、好んで使う言葉があります。

それが「ふつう」です。

ところで、「ふつう」って何でしょうか。
「ふつうのイヌ」ってどんなイヌでしょうか。
「ふつうの花」ってどんな花でしょうか。
「ふつうの木」ってどれくらいの高さなのでしょう。
そして、「ふつうの顔」ってどんな顔でしょうか。

自然界は多様性に満ちています。自然界はバラバラです。
ところが、私たちは平均に近い存在をつかまえて、「ふつう」と言うのです。そして、平均値が大好きな私たちの脳は、「ふつう」という言葉に言い知れない心地よさを感じるのです。

しかし、自然界に「ふつう」はありません。「ふつう」は幻の存在なのです。そして、「ふつう」が実態のない幻の存在であるとすれば、「ふつうでない」も存在しません。

「ふつうの人」という言い方をしますが、それはどんな人なのでしょうか。「ふつうじゃない」という言い方もしますが、それはどういう意味なのでしょう。

自然界では、一つ一つが異なる存在です。そこには「平均」も「ふつう」もありません。

私たちの顔は一人一人が違います。私たちは一人一人が、すべて違う存在です。

ふつうの人なんてどこにもいません。

ふつうでない人もどこにもいません。

ふつうというものは、どこを探しても本当はないのです。

◆赤ちゃんの悲劇

赤ちゃんの生育を示す発育曲線と呼ばれるものがあります。

この発育曲線には、平均値と、それに近い幅が示されています。赤ちゃんの身長や体重がこの幅の中にあれば、「ふつう」だと言うのです。

確かに、発育曲線には意味があるのでしょう。しかし、私自身の子育ては、この発育曲線に振り回されていたと後悔しています。

発育曲線よりも数字が大きければ、ふつうよりも太りすぎだとミルクの量を制限し、発育曲線よりも数字が小さければ、他の子よりも成長が遅いと心配して、たくさんミルクを飲ませたりしたのです。

ミルクを制限されたかと思ったら、急にミルクをたくさん飲ませられたり、赤ちゃんはずいぶんと迷惑だったに違いありません。

◆常に成長は比べられる

平均値というのは、人間にとってずいぶんと便利なものです。

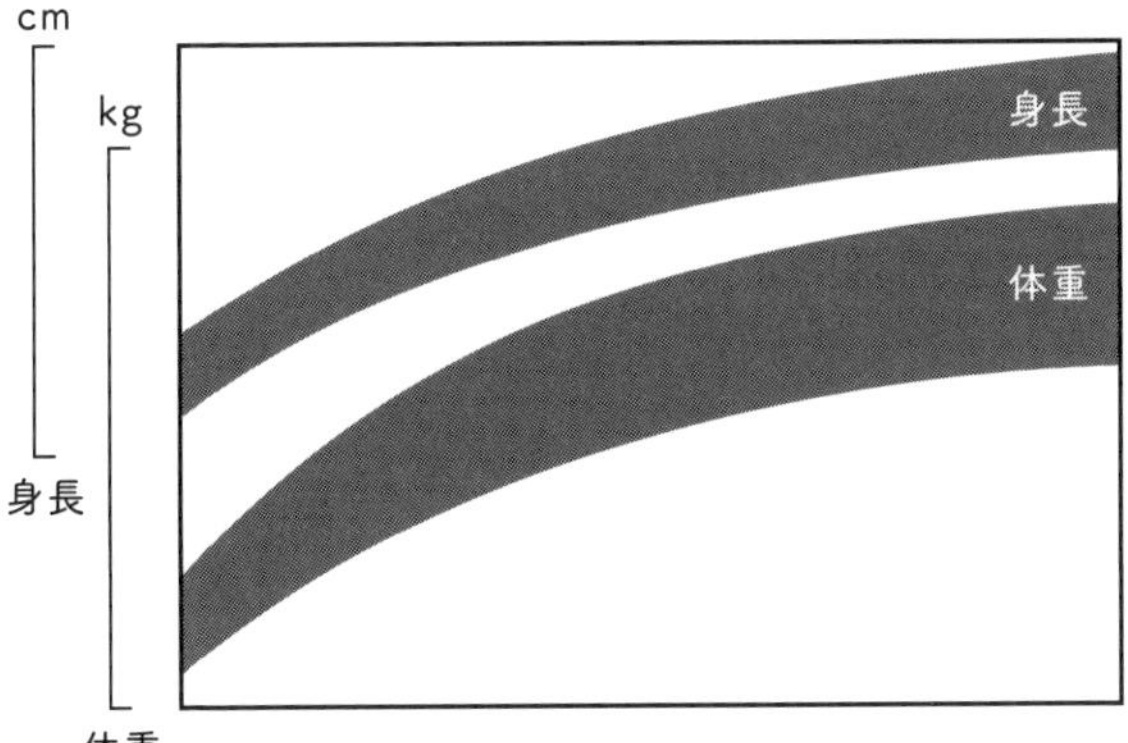

【発育曲線】

赤ちゃんのときに発育曲線で平均値と比べられた後も、子どもたちはずっと比べられ続けます。それからずっと、比べられ続けるのです。

赤ちゃんの身長は、巻き尺で測られます。単位はセンチメートルです。赤ちゃんの体重ははかりで量ります。単位はキログラムです。しかし、それだけでは物足りなかったのでしょう。人間は、子どもたちの成長を比べるために、さらにさまざまな単位や指標を作り出していきます。

人間の作り出したさらに便利な道具が「偏差値」です。

Ａくんは学校のテストで八〇点を取りました。

Ｂくんは学校のテストで七〇点を取りました。

ＡくんとＢくんは、どちらが優秀でしょうか。

八〇点のＡくんのほうが優秀だと言いたいところですが、簡単ではありません。なぜなら、Ａくんの受けたテストとＢくんの受けたテストは、それぞれ違うテストだからです。もしかすると、Ａくんのテストが簡単で、Ｂくんのテストは難しかったのかも知れません。

そこで登場するのが「平均値」です。

Ａくんの受けたテストの平均点は八五点でした。それに対してＢくんの受けたテストの平均点は五〇点でした。そうだとすると、平均値をはるかに上回る点を取ったＢくんのほうが優秀と言えるかも知れません。

それでは、平均値が同じだったとしたら、どうでしょうか。

Ａくんの受けたテストの平均点は五〇点でした。Ｂくんの受けたテストの平均点も五〇点でした。それならば、八〇点を取ったＡくんのほうが優秀と言えるでしょうか。これも、そうとは言い切れません。

ここで重要になるのが、バラつきです。

Ａくんの受けたテストは、一〇〇点の人もいましたし、〇点の人もいました。点数がバラついていたのです。一方、Ｂくんの受けたテストは、ほとんどの人が五〇点に近い点数でした。そして、七〇点のＢくんは学校でトップだったのです。

そこで、全体のバラつきを考慮して、そのバラつきの中でどこに位置しているかを表すのが「偏差値」です。

しかし、その偏差値にも問題があります。一〇〇点を取っても、偏差値が高くならないときもあります。偏差値は、平均点の人が五〇になります。もし、全員が八〇点であれば、全員の偏差値が五〇です。もし、五十人でテストを受けて、他の四十九人の点数が八〇点で、Ｂくんだけが八一点を取ったとしたら、どうでしょう。偏差値は一二〇という見たこともないような高い数値になってしまいます。八一点を取ったBくんは、そんなに優秀なのでしょうか。

平均値も偏差値も、すべては他の人との比較によって決まります。

平均値も偏差値もその程度のものです。

すべては、人間が理解するのに便利だから、使っているに過ぎないのです。

そして、思い出してください。

本当は、この「成長のバラつき」と「能力のバラつき」こそが、私たち生物の戦略なのです。

タンポポが綿毛を飛ばす本当の理由とは

子どもたちの時代は、
親が育った時代とは
違うのです。

◆タンポポの親離れ

タンポポは風に乗せて種子を飛ばします。何のために種子を飛ばすのでしょうか。

理由の一つは分布を広げるためです。

植物は動くことができませんが、移動するチャンスが生涯に二度だけあります。

一度目は、花粉での移動です。花粉は、風で運ばれたり、ハチなどの昆虫に運ばれたりして、他の花と受粉します。こうして移動をして、他の植物と交配するのです。

二度目が種子です。

分布を広げるチャンスは、種子のときしかありません。そのため、植物はさまざまな工夫で種子を移動させます。

タンポポのように、風で種子を移動させるものもあります。あるいは、オナモミやセンダングサなどのくっつき虫と呼ばれる植物は、人間の服や動物の毛にくっつけて種子を移動させます。

このように、植物はさまざまな工夫で種子を移動させるのです。しかし、遠くへ旅立った種子が、無事に生育に適した土地にたどりつけるとは限りません。それでもなお、種子を旅立たせるのはどうしてなのでしょうか。

じつは、植物が種子を移動させるのは、単に分布を広げるためだけではありません。

他にも大切な理由があります。その二つ目の理由は、親植物から離すためです。

もしも、親植物の近くに種子が落ちてしまった場合、小さな芽生えにとって、もっとも脅威となる存在は、親植物です。

親植物が枝葉を茂らせれば、そこは日陰になり、やっと芽生えた芽に光が十分に当たりません。また、土の中の水や栄養分も、親植物に吸われて奪われてしまいます。

新たに芽生える子どもの植物にとって、親の植物は邪魔な存在でしかないのです。

そのため、植物は親植物から離れた場所に種子が落ちるように、さまざまな工夫をしているのです。

◆子どもたちの時代

他にも理由はあります。

親植物は、その場所で成功し、大きな実を結びました。

しかし、子どもたちが同じように成功できるかといえば、必ずしもそうではありません。

親植物が育ったときと、子どもの植物が育つときとでは、環境が変化しますし、状況も異なります。子どもたちの時代は、親が育った時代とは違うのです。まったく同じとおりにはいかないのです。

今まで育つのに適していた場所が適さなくなることもあるでしょうし、これまで適さなかった場所が適した場所になるかも知れません。植物が生息する環境は常に変化しているのです。そのため、植物は種子を新しい土地に旅立たせます。

子どもたちは、新しい時代に新しい場所で生育したほうがよいということを知っているのです。

◆タンポポの親にできること

動けないイメージのある植物ですが、じつは、それなりに動いています。

タンポポは茎をまっすぐ伸ばして花を咲かせますが、花が咲き終わると、茎を倒して地面に横たわってしまいます。どうしてこのような動きをするのか、じつはよくわかっていません。

しかし、花が咲き終わり種子ができるまでの間、種子を風や天敵から守るためではないかと考えられています。

タンポポは、風で種子を飛ばしてしまいます。飛んでしまった種子に対して、親の植物ができることはもう何もありません。親であるタンポポにできることは、遠い土地でもしっかりと芽生えることができるような充実した種子を作ることだけなのです。

種子が熟す頃になると、タンポポの茎は再び立ち上がります。そして、不思議なことに花が咲いていたときよりも、さらに高い位置にまで精いっぱいに茎を伸ばすのです。茎を高く伸ばすのは、風を受けて種子を少しでも遠くへ飛ばそうとするためです。

子どもたちは大空に高く飛び立つ綿毛を自ら持っています。自ら芽を出し、成長する力を持っています。そんな子どもたちに、タンポポの親植物ができることは、茎を高く伸ばしてやることだけなのです。

やがて風を受けてタンポポの種子は旅立っていきます。そして、自分の親植物も見たことのない新しい土地を目指すのです。

母ギツネは、
子どもを威嚇し、
攻撃するのです。

キツネの親が豹変するとき

◆キツネの子育て

生物にとって親離れとは何なのでしょうか。また、子離れとは何なのでしょうか。

肉食動物の親離れ、子離れは壮絶です。キツネの例を紹介しましょう。


キツネは愛情深い動物です。

昔話ではずるいイメージのあるキツネですが、実際には、とても家族の絆の強い動物です。

キツネは一夫一妻制で、オスも子育てに参加して、夫婦で協力して子育てをします。

キツネは深い巣穴を掘って、母親が巣穴の中で出産の準備をします。巣穴にこもったメスのために、オスはせっせとエサを運びます。子どもが生まれても、オスは巣穴の中に入ることができません。子どもを見たいのか、オスのキツネが、巣穴のそばでそわそわしている様子も観察されるといいますから、何とも微笑ましい限りです。

オスは出産を終えた母親のためにせっせとエサを運びます。

キツネはネズミやウサギをエサとします。しかし、エサを集めるのは簡単ではありません。キツネはエサの豊富な里山でも、一平方キロメートルものなわばりを必要とするとされています。エサの少ないところでは、そのなわばりの広さは、五十平方キロメートルにもなるといいます。キツネの父親は、家族のために、広いなわばりを歩き回ってエサを探すのです。

しかも、俊敏なネズミや野ウサギを捕らえることは簡単ではありません。キツネの狩りは高度なテクニックを必要とします。

基本的な狩りはジャンプです。ネズミや野ウサギを追いかけ回してつかまえることは簡単ではありません。そのため、音もなく忍び寄ると、一気に高く跳ね上がり、上から獲物に襲いかかるのです。

「チャーミング」と呼ばれる特殊な狩りもあります。獲物を見つけたキツネは、獲物が逃げ出さないほどの距離で、苦しそうに転げ回ります。そのキツネの姿に魅せられたネズミやウサギは、好奇心のあまり逃げることも忘れてしまいます。そして、激しく転げ回りながら、キツネは少しずつ近づいていき、獲物の不意をついて襲いかかるのです。死んだふりをして、獲物を油断させることもあるといいますから、高度な演技力が必要です。

水鳥などを狩るときには、水草や雑草などを体にまとって、カモフラージュして近づくこともあるといいます。まさに高度な知能を必要とする狩りなのです。

こんな高度な狩りをするためには、高度な学習が必要です。

生まれてから三ヵ月を過ぎる頃になると、親ギツネは、子どもを遠くへ連れ出していくようになります。そして、狩りの仕方など、生きていくうえで重要なことを教えるのです。

◆親離れをさせる親ギツネ

やがて、狩りの仕方を教えると、父親は子どもたちにエサを運ぶのをやめてしまいます。こうして、子どもたちの自立を促すのです。

何とも冷たいようにも思えますが、ただ突き放すだけではありません。近くにあらかじめエサを隠しておき、子どもたちが自分で探せるようにすることもあるようです。厳しいように見えて、じつは愛情にあふれています。この不器用さが、何とも父親らしい子育てです。

しかし、夏の終わりになると、別れのときがやってきます。

子どもたちは、いつまでも親元にいるわけにはいきません。巣立ちのときになると、親ギツネは、子どもたちを追い払います。

キツネは子煩悩な動物です。愛情深く、子どもを育てる動物です。母親のキツネも父親のキツネも、子どもたちにとってとても優しい存在でした。そして、子どもたちはそんな両親にいっぱい甘えてきました。

それなのにキツネの親は、一変して厳しい態度に豹変するのです。

子どもたちは、何が起こっているのか理解できず、戸惑うようにいつものように親元へ戻ろうとします。しかし、親ギツネはそれを許しません。激しく威嚇して子どもたちを追い払います。母ギツネは子どものキツネに噛みつくことさえあります。

それでも、子どもたちは戻ろうとします。しかし、そのたびに親ギツネは、子どもを威嚇し、攻撃するのです。

やがて、子どもたちはあきらめたかのように、親元を離れていきます。

これが子どもたちの自立です。そして、親のキツネにとっては子離れのときなのです。

このときのために、親のキツネは、子どもたちに生きる術を教えてきました。やがて、子どもたちもまた、自分のなわばりを持ち、やがて親となっていくことでしょう。

すべては、子どもたちを自立させるため。これこそがキツネの子育てなのです。

◆人間の育児期間は？

キツネの子育ては、わずか数ヵ月間のお話です。

キツネと同じように、動物たちは、時期になれば親離れをし、子離れをします。

それでは、人間にとって、親離れ、子離れの時期とはいつなのでしょう。

人間は、子育ての期間がとてつもなく長い動物です。

哺乳動物は、過保護に子育てをしますが、そうは言っても、多くの場合、子育ての期間は一年以内です。長いものでも二、三年でしょう。

シカやウマなどの草食動物は、生まれて間もなく立ち上がって歩き出すのに、人間の赤ちゃんは、立ち上がってヨチヨチ歩きをするのに一年はかかります。五歳になったら一人前扱いされて、独り立ちするなど、人間では、とても考えられません。

人間の子どもは、なかなか大人にならないのです。

人間の子育て期間が長い理由

じつは
「ゆっくりと育つ」
ということが、
人類の戦略なのです。

◆二足歩行と引き換えに

人間は、子ども時代が長い動物です。それには理由があります。人間の赤ちゃんは、他の動物に比べて、とても未熟な状態で生まれてくるのです。

人間は、直立二足歩行をする動物です。もともとは四足歩行をしていた祖先が、やがて二足歩行するように進化してきました。そして、二足歩行をすることによって、巨大化した脳を支えることが可能となり、自由に使える二本の腕によって道具を扱えるようになりました。

二足歩行によって、人類は人類となったのです。

ただし、二足歩行には問題もありました。

直立歩行で体重を支えるために骨盤の形が変化して、お母さんが赤ちゃんを産む産道が狭くなってしまったのです。人間のお母さんが、他の動物に比べて出産が大変なのは、そのためです。

そして、赤ちゃんも、狭い産道を通るために、小さくて未熟な状態で生まれてくるようになりました。そのため、目も見えず、よちよち歩きさえできないような、か弱い赤ちゃんが生まれるのです。

◆成長が遅い人間の赤ちゃん

人間の赤ちゃんは、親の保護なしには何もできない存在です。

しかし、人間の両親は、そんな未熟な赤ちゃんを育てるだけの、強さと能力を持つ存在でした。

こうして、未熟な赤ちゃんの子育てが始まったのです。

人間の育児期間が長い理由の一つは、乳児が未熟なことにあります。もっとも、それだけでは説明がつきません。未熟に生まれてきたとしても、その後に早く成長すれば、それで何とかなるはずです。

たとえば、ジャイアントパンダの赤ちゃんは、生まれたときにはわずか一五〇グラムほどしかありません。小さな未熟な存在として生まれてきます。しかし、生まれた後はどんどん大きくなり、三年も経てば立派に成長します。そして、独り立ちして、親元を離れていくのです。

あるいは、カンガルーの赤ちゃんは、生まれたときの体重はわずか一グラムしかありません。体長もたった二センチメートルで、大きめの虫くらいの大きさです。それでも、お母さんの袋の中ですくすくと育ち、一年以内には親離れをします。

これらの動物は妊娠期間を短くして母親の負担を少なくし、小さく産んで早く育てるという子育てをします。でも、赤ちゃんが未熟だからといって、必ずしも成長するのに時間がかかるわけではないのです。

それなのに、人間の子どもは、どうして成長が遅いのでしょうか。

◆ゆっくりと育つ戦略

じつは「ゆっくりと育つ」ということが、人類の戦略なのです。

哺乳動物は、生きるために、知能を発達させてきました。そして、知能を発達させるために、子育てをして「学び」を与え、「遊び」によって経験を積ませてきたのです。

人間は、その哺乳類の中でも、もっとも「知能」を武器にしている生物です。

「知能」を生きる武器とした人類には、生きていくために学ばなければならない「知識」がたくさんあります。

たとえば、コミュニケーションをとるためには、言葉を覚えなければなりません。情報を伝達するための文字も覚えなければなりません。道具の使い方も覚えなければなりませんし、道具の作り方も覚えなければなりません。すぐに大人になったのでは、生きるための術を身につけることのないままに、独り立ちを強いられることになります。人間の子どもにとっては、「早く大人になること」よりも、「ゆっくり大人になること」のほうが大切でした。

そのため、あえて発育を遅くして、すぐに大人にならないような進化を遂げたのです。

「早く大人になってはいけない、ゆっくり大人になりなさい」

それが、人類の生存戦略なのです。

人間が「知能」を武器にするために、「子育て」は不可欠です。

しかし、ゆっくりと育つ子どもを、長い時間かけて育てるのは大変です。そこで、「一夫一妻制」を基礎とした、子どもを育む「家族」が発達しました。そして、集団で狩りをしたり、集団で子育てをするようにもなりました。こうして、子どもを育む「社会」が作られていったのです。

それにしても、人間の「子育て」の期間は長くなる一方です。

今や人間という生物にとって、親離れ・子離れの時期とはいつなのでしょう。

高校を卒業し、成人し、大学を卒業するまでのおよそ二十年なのでしょうか。こんなに長い期間、子育てしている生物は他に見当たりません。

それでもまだ、何歳になっても、いつまでも親に面倒をみてもらっている子どもがいます。

何歳になっても、子どもの世話をやいている親もいます。

人間というのは、本当に奇妙な生き物です。

生物にとって大人とは何なのだろう

自分のために
未来の世代を
犠牲にする
生物はいません。

◆大人の役割とは何か？

これまでに紹介したように、生物の子どもの役割は「大人になること」でした。

それでは、生物の大人の役割とは何でしょう。

それは、「子どもを作ること」です。

子どもは大人になるために生き、大人は子どもを作るために生きるのです。そして、生まれた子どもは、また大人になることを目指します。

たった、それだけ？　とあなたは思うかも知れません。

そう、たったそれだけです。

生物にとっては、たったそれだけです。それが生物というものです。それだけでは、人生はあまりに虚《むな》しい、とあなたは思うかも知れません。もちろん、私たちは人間ですから、人生に生きがいを求めてもいいでしょうし、生きる意味を考えてみてもいいでしょう。

しかし、生物として見れば、それだけです。子どもは大人になるために生き、大人は子どもを作るために生きるのです。

もう少し気の利いた言い方をすれば、子どもは「よい大人」になるために生き、大人は「よい子ども」を作るために生きます。

高度な進化をした哺乳類について言えば、「大人は子どもを作り、守り育てる」と言うこともできます。それでも、それだけのことです。

子どもは大人になるために生き、大人は子どもを作るために生きるのです。そして、その子どもは、また大人になるために生き、やがて大人になり、子どもを作ります。

その繰り返しです。

生命は、それをただ繰り返しているだけなのです。

◆マラソンをリレーで走る

子どもは大人になり、大人は子どもを作る……。生命はその繰り返しです。こんな繰り返しに、何か意味があるのでしょうか。

みなさんはフルマラソンを完走したことが、ありますか?

四二・一九五キロを一人で走りきるのは大変です。

もっとも、フルマラソンもゴールがあるから、頑張って走ることができます。

もし、ゴールがなく、はてしなく走り続けなければならないとしたら、どうでしょう。あなたは全力で走ることができるでしょうか。

それならば、一キロだったらどうでしょう。一キロであれば、頑張って走ってみようと思うことでしょう。もっと短くして、十メートルであれば、どうでしょう。十メートル先には次のランナーが待っています。あなたは、次のランナーまで走っていってバトンを渡せばいいのです。

十メートルであれば、もし、障害物競争のようにさまざまな難関があったとしても、何とかそれらを乗り越えて、バトンを渡すことができるでしょう。また、何とかバトンを渡そうと頑張り抜くことでしょう。

これこそが、命のリレーです。

一つの生物が、何の事故もなく、悠久の時間を生き抜くことは不可能です。しかし、一つの世代が限られた時間を生き、次の世代にバトンを渡します。そして、次の世代は、またその次の世代にバトンを渡していくのです。

こうして、生命はバトンをつないできました。

子どもは大人となり、大人は子どもを作って、走り続けてきました。そして、バトンを渡し続けてきたのです。今、そのバトンを手にした私たちが、未来に向かって走っているのです。

たったこれだけ、と言ってしまえば、ただこれだけです。

しかし、それはつまらないことでしょうか。それは、とてもすごいことなのではないでしょうか。それだけでもすごいことなのに、もし、人生に、楽しみや心動かされることを見つけられたとしたら、これはもう、とてつもなく、すごいことなのです。

◆未来を犠牲にする生き物

キツネの親は、子どもが一人前になると牙《きば》を剝いて追い出します。それがキツネの愛情です。キツネの親が唯一、願うことは、子どもが一人前のキツネに成長することです。

子どもに面倒をみてもらいたいと願うキツネの親はいません。親ギツネの面倒をみるキツネの子どももいません。独り立ちすれば、子どものキツネは一匹のキツネです。子育てが終われば、親のキツネも一匹のキツネです。それだけのことです。

キツネだけではありません。すべての生物の親は子どものために生きます。すべての生物の親は、子どもにすべてを捧げます。しかし、子どもが親のために生きることはないのです。

人間は、子どもが親の面倒をみる奇妙な生き物です。

もちろん、親孝行をすることはよいことです。育ててくれた親に感謝することは、すばらしいことです。

しかし、親のために、子どもが人生を犠牲にしているとしたら、それは生物学的には正しいことではありません。

親は子どものために、持っているすべてを惜しみなく与えます。しかし、子どもはそれを親に返すことはありません。

けっして薄情なのではありません。子どもが親からもらったものを返すのは、親ではなく次の世代です。それが、生物のルールです。こうして次の世代へ、次の世代へとリレーのバトンがつながっていくのです。

生物の親は、子どものために命をも捧げます。しかし、親のために子どもが自らを犠牲にする生物はいません。ましてや、未来の世代を犠牲にして、今を生きようとする生き物はいません。

もし、いるとすれば、それは人間だけです。

おばあさんが人類を進化させた？

「一人の年寄りが
死ぬことは、
一つの図書館が
なくなるようなものだ」

◆「おばあさん」の誕生

生物にとって、大人とは「子どもを作るため」だけの存在です。そのため、多くの生物が、子孫を残すとその寿命を終えます。セミは卵を産むと、やがて力尽き地面に落ちます。サケは、壮絶な旅の末に川を遡り、卵を産むと、力尽きてやがて死んでいきます。

子育てをする生物は、子育てのために寿命が長くなりますが、子育てが終われば、やがて、その寿命を終えます。

ところが、人間は子どもを作らないような存在になっても、寿命が尽きることはありません。たとえば、おばあさんやおじいさんは、もう子どもを作ることはありませんが、長生きをします。

生物の世界で、おばあさんやおじいさんのいる生き物はあまりいません。たとえば、セミには、おばあさんはいませんし、サケには、おじいさんはいません。

生物には親子はありますが、祖父母と父母と子の三世代が同時に生きていることは珍しいのです。もし、長生きをしている生物がいたとしても、三世代がいっしょに暮らすことはありません。

たとえば、すでに紹介したキツネであれば、親離れした子どもたちはやがて親となり、子どもを作ります。しかし、両親のキツネも、成長した子どものキツネも、どちらも対等な大人のキツネです。そこには、もう親子関係はありませんから、祖父母のキツネと、孫のキツネの関係もないのです。

ところが、人間にはおばあさんやおじいさんがいます。

そして、このおばあさんやおじいさんという存在こそが、人間を大きく進化させたと言われているのです。

◆子育ての大変な人類の救世主

人間という生物の世界では、おばあさんやおじいさんが重要な役割を果たしています。人間は、他の生物に比べて子育てが大変です。また、子育ての期間がとてつもなく長い生物です。そのため人間は、子育てをするために、「家族」や「社会」という仕組みを発達させました。

この家族や社会で子育てをするうえで、おばあさんやおじいさんは大切な役割を果たしてきました。

「おばあさん仮説」と呼ばれる仮説があります。

人間の女性は、ある程度の年齢に達すると子どもを産むことができなくなります。しかし、新たな子どもを産まない代わりに、子どもを育てることに専念することができます。生物は、子どもを産んでも、その子どもが無事に大人になり、次の子どもを産まなければ命はつながっていきません。産んだ子どもを無事に大人に育てあげることも、子育てをする哺乳動物にとっては重要な役割です。

人間の女性が長生きをすれば、その間に成長した子どもたちが大人となり、子どもを産むようになります。すると、年老いた女性は、おばあさんとして孫の世話をすることができるのです。

おばあさんは、そのようにして子育ての役割を担ってきたのです。

それでは、おじいさんはどうでしょうか。

子育てに参加しないなら、おじいさんに存在価値はありません。もちろん、子どもを守るというのは、直接、育児をすることだけではありません。外敵から家族や群れを守ったり、家族や群れのために食料を調達するという仕事も、子どもを育てるために大切なことです。

こうして、家族や社会という仕組みを発達させたことによって、人間という生物は、子どもを作らなくなったおばあさんやおじいさんまでが役割を持つようになったのです。

◆「知恵」という贈り物

おばあさんやおじいさんの役割は、それだけではありません。長い年月を生きてきたおばあさんやおじいさんには豊かな経験と、経験から身につけた知恵があります。

人間は寿命が長くなり、産んだ子どもが大人になるまで長生きをすることができるようになりました。そして、大人になった自分の子に、大人としての知恵や技術を伝えることが可能になったのです。こうして、人間は生きる知恵を子や孫に伝え、子や孫の世代は、さらに知恵を積み重ねていきました。

こうして世代を経る中で、人間は知恵をアップデートしていくことが可能になったのです。この仕組みによって、人間は文化を飛躍的に発達させ、やがては文明を築くようになりました。「人間が人間として高度な社会を進化させられたのは、じつは長生きしたおばあさんのおかげである」、こう唱えるのが「おばあさん仮説」なのです。

おばあさんやおじいさんは、子どもを育てる役割を担いました。

しかし、一人前の大人に成長した子にとって、おばあさんやおじいさんの役割は、「世話をやくこと」ではありません。「知恵を授けること」なのです。

「一人の年寄りが死ぬことは、一つの図書館がなくなるようなものだ」と言われます。一つの人生を生きた人の知恵が、受け継がれることなくこの世から消えていくとしたら、それは人類にとって大きな損失です。

そして、人類という生物種にとって、「年寄り」には重要な役割があります。

年寄りは、次の世代のために生き長らえる命を与えられた存在です。

年寄りは、次の世代に知恵を授ける存在です。

別に若い人をつかまえて説教をする必要はありません。長い人生の経験の中で身につけた「生き方」を見せればよいのです。若い人たちにお手本を見せればよいのです。

第4章 成長の計り方

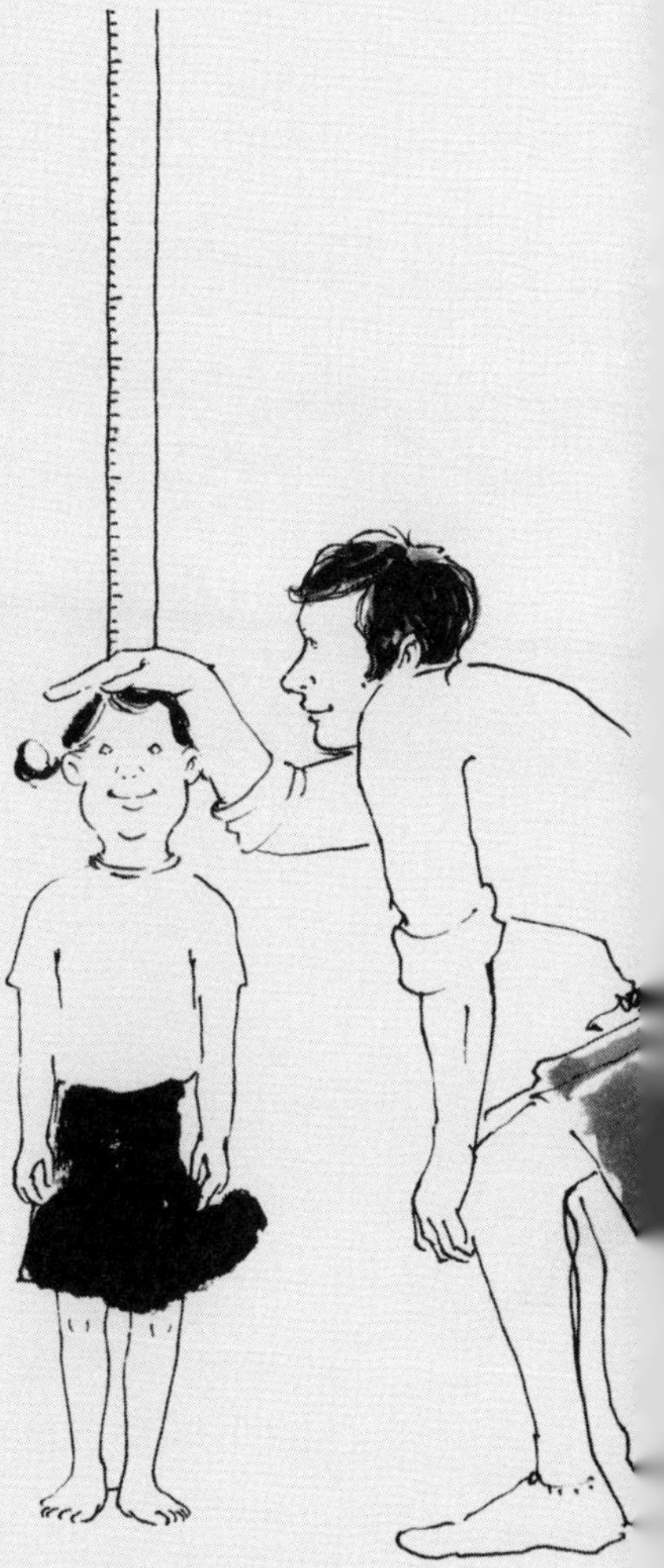

この植物の成長を計りなさい

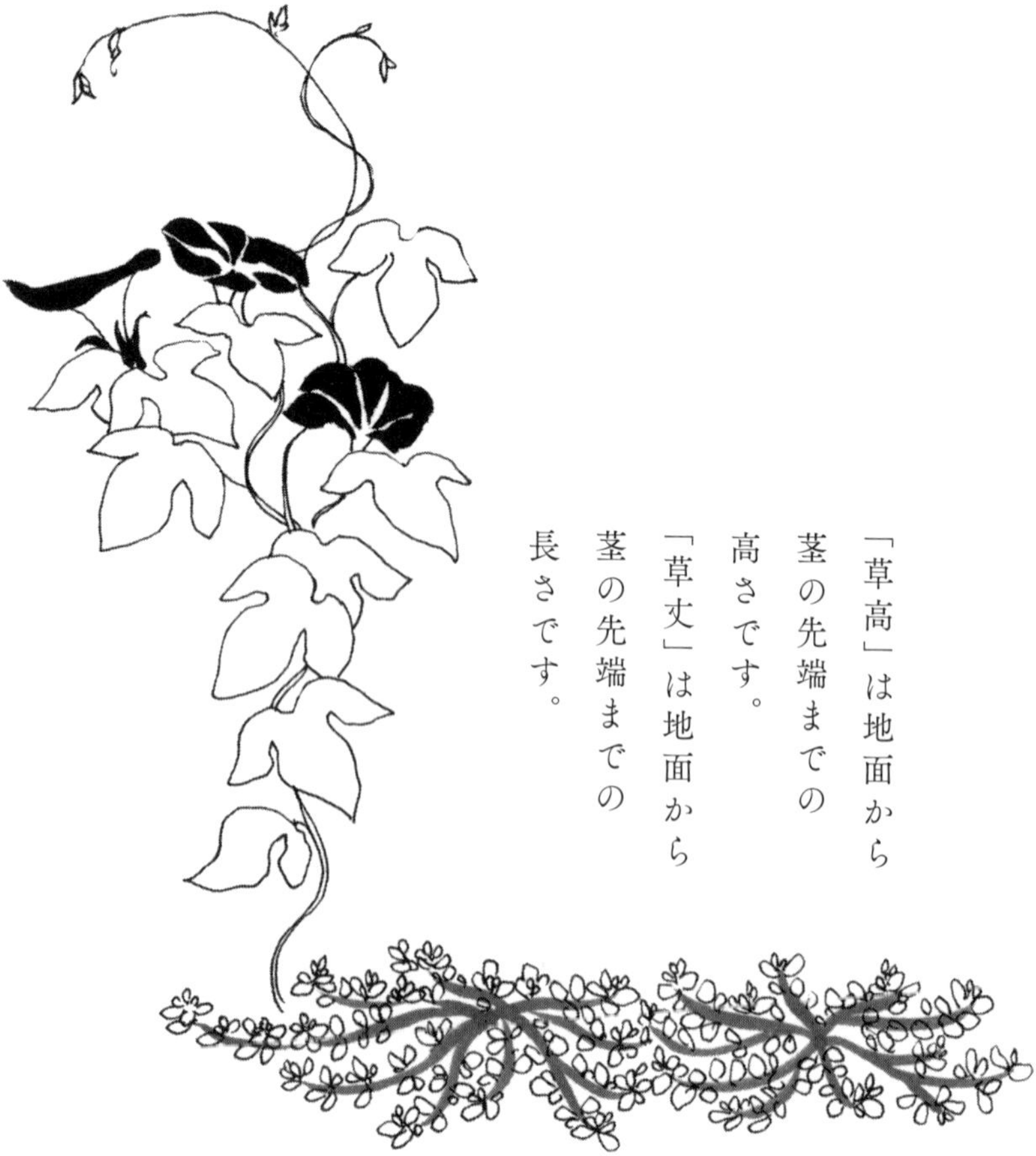

「草高」は地面から
茎の先端までの
高さです。
「草丈」は地面から
茎の先端までの
長さです。

◆アサガオの成長を見守りたい

想像してみてください。

みなさんは、アサガオの種をまきました。毎日、水をやっていると、やがて芽が出てきました。アサガオは、これからどんどん大きくなっていくことでしょう。

せっかく大切にしているのですから、このアサガオの成長を何とか記録に残したいものです。

毎日、絵を描いたり、写真を撮るという方法もあるでしょう。

他に方法はないでしょうか。

ものさしで草丈を測るという方法はどうでしょうか。これならば、毎日、草丈が伸びていくことがわかります。

葉っぱの枚数を数えていくという方法も、あるかも知れません。

人間の脳は、「数字」に置き換えると、整理して理解しやすくなります。

また、グラフにすれば、成長していることを目に見えて理解することができます。右肩上がりに成長するグラフというものは、人間の脳には心地よいものです。

草丈のグラフであれば、「もう少しで一メートルを超えそうだ」「成長のスピードが速くなってきた」というように、成長の度合いが適確にわかりますし、「この調子で成長すれば、いずれ屋根より高くなる」というように、将来の成長を予測することも可能です。もっと肥料をやればもっと背が高くなる、隣のアサガオより大きくなるぞ、というように成長を管理することも可能です。

　こうして、数字の大好きな人間の脳は、成長を理解して管理したくなるのです。

◆成長の方向

　植物の成長を計るときには、地面からの植物の高さを測るのが一般的です。

　専門的には、この測り方は「草高」と言います。

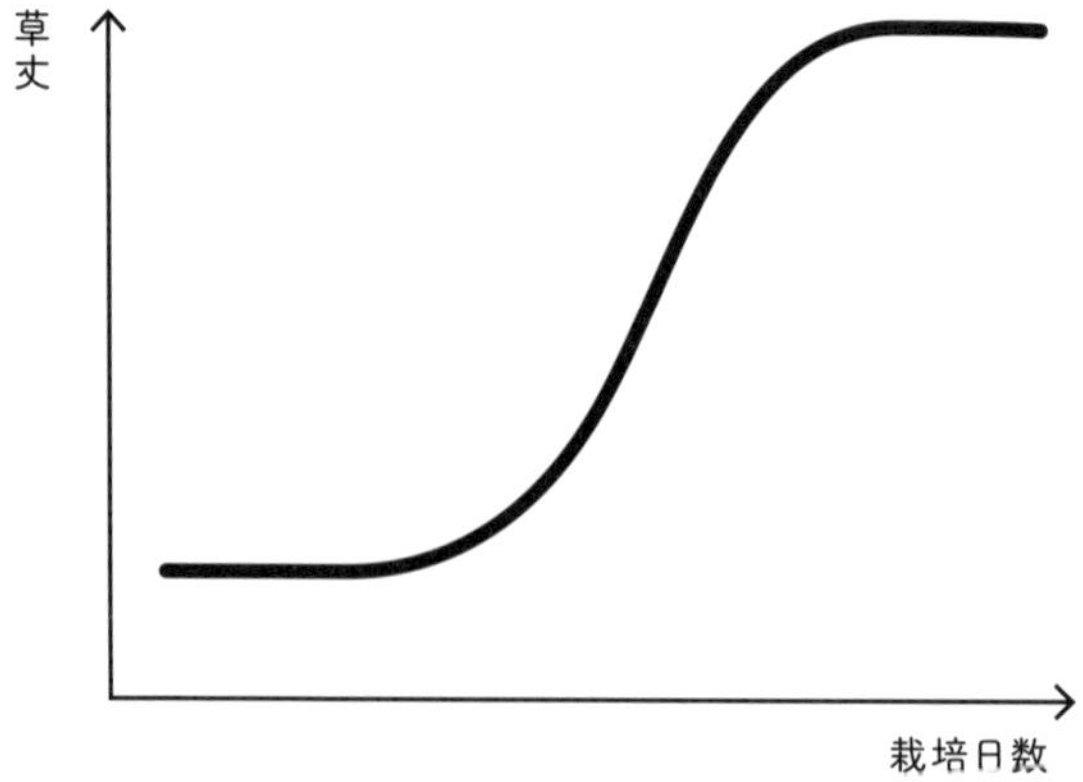

【植物の成長のグラフ】

しかし、草高は、測っていくうちに小さくなってしまうときがあります。成長しているはずなのに、小さくなってしまうというのは、どうしてなのでしょう。

たとえば、強い風が吹いて植物が傾いてしまったとしたら、どうでしょう。単純に高さを測るので、せっかく伸びてきたのに、草高は小さくなってしまうのです。

それでは、植物の成長はどのように計ればよいのでしょうか。

草高に対し、「草丈」は、専門的には、地面から茎の先端までの植物の長さを言います。茎の長さを測るのであれば、斜めに傾いても、値が小さくなることはありません。

◆高さと長さの違い

「草高」は地面から茎の先端までの「高さ」です。

「草丈」は地面から茎の先端までの「長さ」です。

二つの言葉は、よく似ています。まっすぐ上に伸びている植物にとっては、草高と草丈は同じです。

しかし、斜めになってしまった植物にとっては、草高と草丈は違う数字になりました。

それでは、横に伸びる植物はどうでしょう。

たとえば、四つ葉のクローバーで知られるクローバー（シロツメクサ）は、地面の上を横へ横へと伸びていきます。

地べたに近いところに生えているので、草高はほとんどゼロに近い数字です。そして、横へ横へと伸びていきますから、どんなに成長しても、草高は増えていかないのです。

横に伸びていく植物は、草高ではなく、茎の長さを測らなければなりません。

◆成長は高さで見がち

植物の成長の仕方はさまざまです。

素直にまっすぐ上に伸びる植物ばかりではありません。地面の上で横に伸びる植物もあります。光を求めて斜めに伸びる植物もあります。

匍匐型のシロツメクサ

つるでからみつきながら伸びる植物もあります。

森の中や草むらでは、さまざまな植物が、お互いに関係し合いながら成長しています。とても、一つ一つの植物の成長を計ることはできません。

そのため、成長はどうしても「高さ」で見がちになります。たとえば、「アサガオのつるが屋根まで伸びた」と喜びます。しかし、もしかすると垣根にからみついているアサガオのつるのほうが、本当は長く伸びているかも知れません。

「雑草がこんなに伸びたから、そろそろ草取りをしようか」、そういうときは雑草を高さで計っています。地面の上に雑草が芝生のように横に広がっていても、あまり気になりません。

成長は高さで見るのが、もっとも簡単です。

学校の成績も、経済の成長も、もしかすると高さで計られているのかも知れません。それも致し方のないことです。複雑な成長を複雑なまま計ることは、人間の脳にはできません。人間はわかりやすく、成長を計りたいのです。

雑草は踏まれても立ち上がるって、本当？

エネルギーが
あるのであれば、
そのエネルギーで
種子を残すべきです。

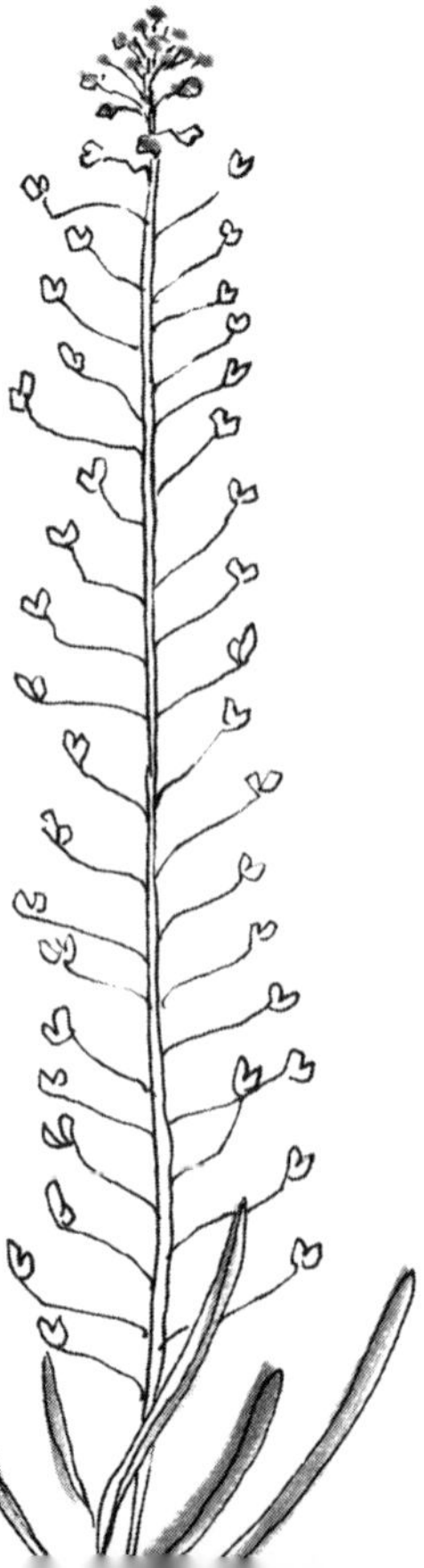

◆踏まれた雑草は立ち上がらない

雑草は踏まれても踏まれても立ち上がると言われます。
だから、私たちも踏まれても頑張るんだと言われます。

本当にそうでしょうか。

歩道やグラウンドなどで、人に踏まれた雑草を見てみてください。みんな地べたに横たわっています。立ち上がろうとしている雑草はありません。

じつは、踏まれた雑草は立ち上がりません。

どうせ立ち上がっても、また踏まれてしまうのです。だから立ち上がろうとはしないのです。踏まれたことによって、立ち上がらなくなる雑草もありますし、どうせ踏まれるのだからと最初から上に伸びない雑草もあります。

「踏まれたら立ち上がらない」というのが、雑草魂なのです。

◆大切なことは何か

「踏まれたら立ち上がらない雑草魂」。

なんだか、情けないと思うかも知れません。ガッカリしてしまうかも知れません。

しかし、本当にそうでしょうか。


そもそも、どうして立ち上がらなければならないのでしょうか。


植物にとって、大切なことは何でしょうか。

植物にとって大切なことは、花を咲かせて、種子を残すことです。

そうであるとすれば、踏まれても踏まれても立ち上がるというのは、ずいぶんと無駄なエネルギーを使うことです。それよりも、踏まれながら花を咲かせることにエネルギーを使うほうが合理的です。立ち上がるエネルギーがあるのであれば、そのエネルギーで種子を残すべきです。

だから、踏まれた雑草は立ち上がらないのです。

踏まれたら立ち上がらなければいけないというのは、人間の勝手な思い込みです。

植物は光を求めて上に伸びます。しかし、上に伸びなければならないというのも、思い込みです。踏まれる場所でまで、上に伸びる必要はありません。何しろ上に伸びた雑草はみんな踏まれてしまうのです。周囲に上に伸びる植物がないのであれば、地面に寝そべっていても、十分に光を浴びることはできます。

踏まれても踏まれても立ち上がる生き方も悪くないかも知れませんが、花を咲かせることができなければ、何にもなりません。

エネルギーは大切なことのために使うべきです。

頑張るのは、大切なことのためです。

「大切なことを見失わない」。これこそが、本当の雑草魂なのです。

「どうして
誰も水をやらない雑草が
青々としているのだろう」

根っこが伸びるのは、いつなのか？

◆目に見えない成長

植物が成長していないように見えるときがあります。

たとえば、よく踏まれる場所では、雑草は上に伸びずに横に伸びます。しかし、横に伸びることもなく、大きさも変わらないときもあるのです。

冬の間も、植物は成長していないように見えます。木は葉を落として、まるで枯れたようにさえ見えますし、草も寒さの中で凍えて、少しも大きくなろうとしません。踏まれたり、寒かったり、大きくなるのに適さない時期を、植物はじっと耐え忍んでいるのです。

それでは、植物たちは成長していないのでしょうか。成長することをあきらめているのでしょうか。

そうではありません。

目には見えなくても、植物は成長をしています。上に伸びることも、横に伸びることもかなわないのであれば、下に伸びればいいのです。

そう、根っこを伸ばすのです。

根っこは植物の成長にとって、もっとも大切なものです。

根っこは植物の体を支えるものです。そして、水や養分など、成長に必要なものを吸収するためのものです。

根っこはどんなときに伸びるのでしょうか。

調子がいいときにも植物は根っこを伸ばしますが、茎を伸ばしたり、葉を茂らせることに懸命です。しかし、茎を伸ばすことができなくなったとき、葉を茂らせることができなくなったとき、植物は、じっと根を伸ばします。そして、下へ下へと伸びていくのです。

◆水がないからこそ

江戸時代の農書に、「自分たちが大切に水をやっている野菜が夏の日照りで枯れていくのに、どうして誰も水をやらない雑草が青々としているのだろう」と雑草をうらめしく思う話が出てきます。

どうして誰も水をやらない雑草が、日照りに負けないのでしょうか。それは、根の張り方が違うからです。

毎日、水を与えられている野菜は、根をたくさん張らなくても十分に育つことができます。しかし、雑草には誰も水を与えてくれません。だから、水を求めて根を伸ばします。

このいっぱいの根っこが、日照りのときに、力を発揮するのです。

植物は、つらいとき、耐えるとき、じっと根を伸ばします。その根っこが、植物の力なのです。

地面の下に伸びた植物の根っこは、私たちの目に見えません。

私たちは植物の茎が伸びたり花が咲いたりすれば喜びますが、根っこが伸びても喜びません。根っこの成長とは、そういうものです。

◆人間の成長はどうだろう

しかし、私たち人間も、「根性」や「心根《こころね》」という言葉を使います。

本当は、根っこが大事だと知っているのです。

人間の成長も同じかも知れません。体の成長は目に見えますが、心の成長は見えません。

小学校を卒業して、中学生になると、制服も替わり、目に見えて成長がわかります。

しかし、昨日の自分と今日の自分とで、大きく心が変化しても、その成長は見えません。

自分にさえも見えないのです。

成長の仕方はさまざまです。上に伸びる成長もあれば、下に伸びる成長もあります。目に見える成長もあれば、目に見えない成長もあります。

そして、大切な成長は目に見えません。どんなに成長が見えなくても、上に伸びることができなかったとしても、私たちは成長することをあきらめてはいけないのです。

草花を育てるとき、成長を止める理由

畑の雑草の中には、
節から根っこを
伸ばす能力を
持つものが
多く見られます。

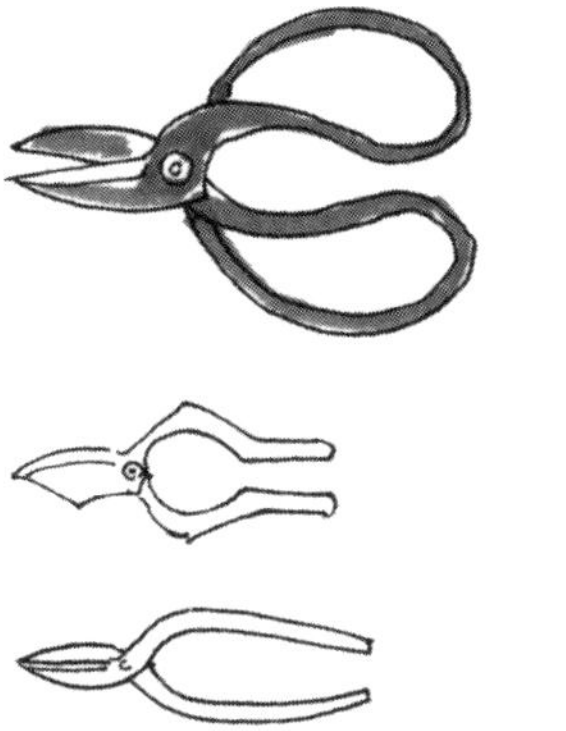

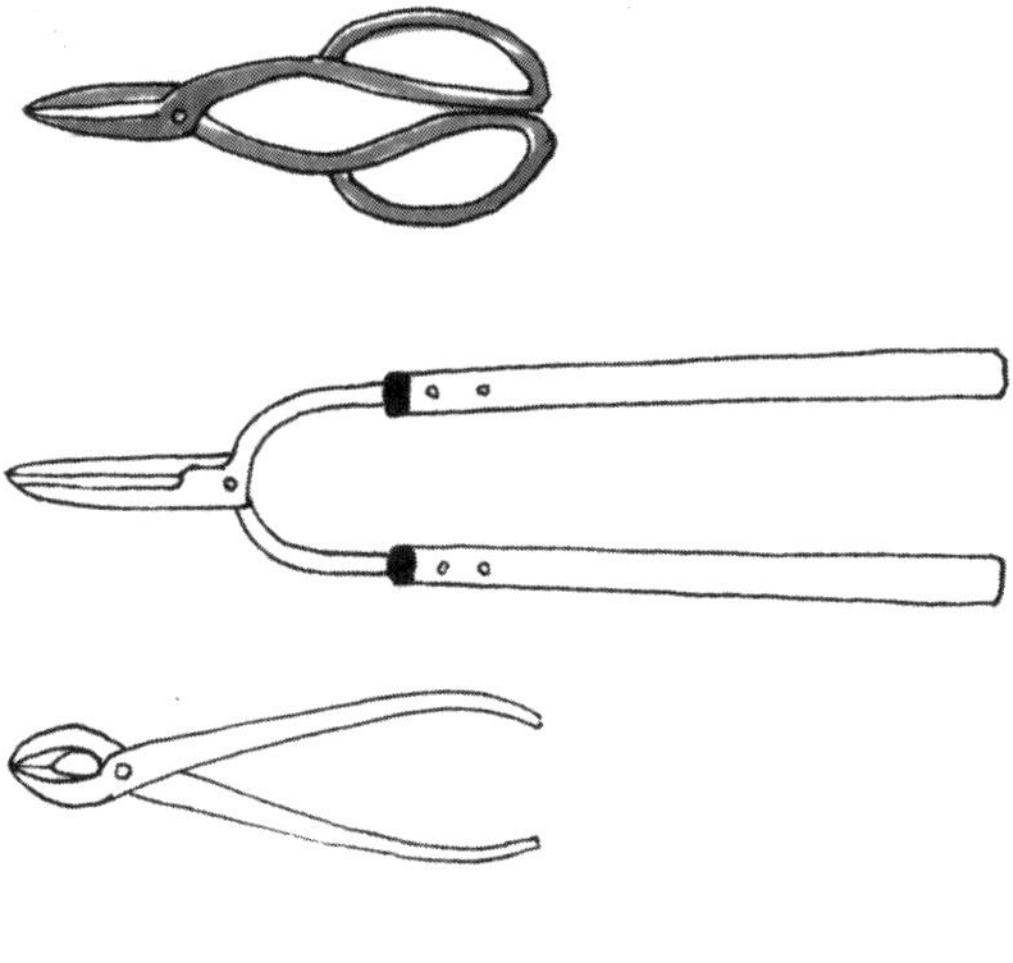

◆ポキンと折れたとき

植物は茎をまっすぐに伸ばしていきます。

ところが、野菜や花の栽培では、せっかく伸びてきた茎をわざとポキンと折ってしまうことがあります。

どうして、せっかく伸びてきた茎を折ってしまうのでしょうか。

茎の先端を折る作業は、「摘心《てきしん》」と呼ばれています。茎の先端を折ってしまうと、その茎の成長は止まってしまいます。しかし、ポキンと折れたその下からは、新しい脇芽が伸びてくるようになります。そして、新しい枝葉を茂らせるのです。

植物はポキンと折れたほうが、丈夫に育ちます。そして、たくさんの花を咲かせて、たくさんの実をならせます。そのために、わざと茎を折ってしまうのです。

順調に伸びていくことばかりがよいわけではありません。一度折れることは、成長にとって、けっして悪いことではないのです。

確かに、せっかく伸びた茎が折れてしまうと、悲しい気持ちになるかも知れません。しかし、それは新しい芽を伸ばすきっかけになります。そして、植物を見てみれば、新しい芽を伸ばすためには、古い茎が折れてしまうことが大切なのだとわかるのです。

◆「節目」のある成長

植物は、折れても折れても新しい芽を伸ばし、新しい枝葉を茂らせます。この成長の強さの秘密は、どこにあるのでしょうか。

植物には「節」と呼ばれるものがあります。植物は茎を伸ばすと、節を作り、そこに葉と脇芽をつけます。そして、また茎を伸ばして、次の節を作ります。植物の成長は、この繰り返しです。

茎がポキンと折れたとき、茎の成長が行き詰まったとき、この「節」が新たな成長の拠点となります。この節から新しい芽を伸ばすのです。

植物の中には、この節から根っこを出すものもあります。

たとえば、横に伸びていく雑草は、この節から根っこを出し、大地に根を張って、再び茎を伸ばします。そして、節を拠点にして、次々に新たな茎を伸ばしていくのです。

畑の雑草の中には、節から根っこを伸ばす能力を持つものが多く見られます。畑を耕されたり、草刈りをされて、茎が分断されても、その節の一つ一つから根を出し、再生してしまうのです。

節から再生できる雑草にとって、耕されたり、刈られたりすることは何でもありません。

茎がちぎれればちぎれるほど、雑草は再生して、数を増やしていくのです。

早く成長するというスピードの点から見れば、節を作ることは、植物の成長にとっては一休みに見えるかも知れません。それでも、植物は節を作ります。

植物の世界は、他より早く伸びたほうが、優先して光を浴びることができます。早く伸びることは、植物にとって大切なことです。節を作らずに、とにかく茎を伸ばしたほうが、早く伸びることができるはずです。それでも、植物は節を作ります。成長が止まったときに、節が力を発揮することを知っているのです。

「人生の節目」「季節の節目」というように、私たちも「節目」という言葉を使います。節目を作ることは、スピード社会に生きる現代人にとっては、無駄なことに思えるかも知れません。一休みに見えるかも知れません。

しかし、植物の世界を見てみればわかるように、確かな節目を作ることが、成長をより確かなものにするのです。

千年生きる木は、どう成長しているのだろう

木の幹の中で
生きている細胞は、
一番外側の部分だけです。

◆生物が成長するとき

生物の成長は一直線に進むわけではありません。

生物の成長はS字曲線を描くことが知られています。最初のうちは、成長のスピードは緩やかです。ところが、あるときになると、一気に成長します。やがて、十分に大きくなると、再び成長が緩やかになります。そして、ついには、成長は止まってしまうのです。

これが生物の成長のパターンです。

生物には「成長する時期」があります。そして、その成長期に著しく成長するのです。

人間の子どもは、小さいときはそんなに背が伸びませんが、小学生くらいになると身長が伸び始めます。そして中学生から高校生になって、一気に身長が伸びます。そのうち成長は緩やかになり、やがて成長が止まります。そして、大人になると身長は伸びなくなるのです。

生物には成長の時期がありますが、これは、単に体の成長だけに言えることではありません。一生懸命、練習を積んでいたものが、ある日、突然できるようになることがあります。ずっと努力していたものが、一気に開花して上達することもあります。

生物にとって「成長」とは、そういうものなのです。

◆成長には終わりがある

成長はS字曲線で描かれます。著しい成長は、やがて緩やかになり、ついには成長しなくなります。成長には終わりがあるのです。

いや、そんなことはない。成長し続けるのだ、と思う人もいるかも知れません。

しかし、残念ながら成長には終わりがあります。

もし右肩上がりに成長し続けているように見えることがあるとすれば、それは単に成長の期間が長いだけのことです。あるいは、成長自体が緩やかで、ゆっくりと成長しているのかも知れません。

いずれにしても、S字曲線はやがて終わりを迎えることになります。成長し続けることはで

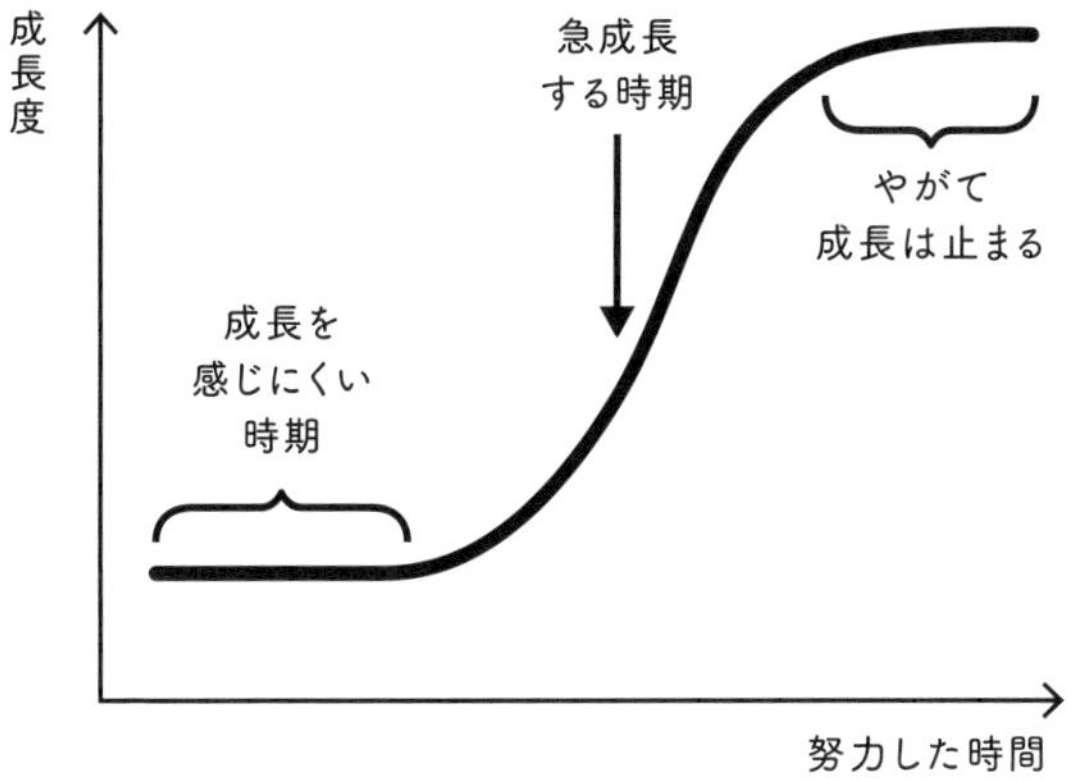

【生物の成長のグラフ】

きないのです。

　しかし、千年生きている木もあります。樹齢千年の木は、大きな巨木となっています。千年生きている木は、千年成長を続けているのでしょうか。千年生きている木にも、成長に終わりはあるのでしょうか。

　残念ながら、千年生きる木の成長もＳ字曲線を描きます。

ただし、木は生きている細胞と死んだ細胞から形作られています。

木は年輪を刻みながら大きくなっていきます。木の幹の中で生きている細胞は、一番外側の部分だけです。じつは、内側の細胞はすべて死んだ細胞なのです。

巨木の幹に大きな洞《ほら》が空いていることがあります。こんな大きな穴が空いても木が枯れないのは、木の幹の大部分は死んだ細胞だからです。木の細胞は成長して死んでいきます。そして、新たに作られた細胞がまた成長するのです。こうして、木は外側へ外側へと広がっていきます。

　木の細胞の成長には終わりがあります。しかし、新しい細胞がまた新たな成長をします。こうして成長と死とを繰り返し、Ｓ字曲線を繰り返しながら、木は大きくなっていくのです。

生き物の成長はS字曲線を描きます。

成長を止めない方法は、S字曲線を繰り返しながら、成長を繰り返すということなのです。

穂を出したイネは、もう成長しないのだろうか

「質が変化する」という成長もあります。

◆成長を計るものさし

同じ種類の植物が、二つあったとします。一つをＡ、もう一つをＢとして、そのどちらが、より成長しているでしょうか。

Ａの植物のほうが、高く伸びています。そのため、一見、Ａのほうが成長しているように見えます。しかし、Ａはまだ花が咲いていません。

Ｂのほうは、背は高く伸びていません。しかし、たくさんの花を咲かせています。

さて、ＡとＢとでは、どちらが成長しているのでしょうか？

草丈の成長を見ればＡが成長しているといえるでしょう。Ｂの草丈は十分には成長していません。

「草丈」という基準であれば、成長はものさしで測ることができます。

ところが、Ａは、花を咲かせていません。ただ、葉を茂らせているだけです。一方、Ｂはしっかりと花を咲かせています。植物は種子から芽を出して、茎を伸ばし、花を咲かせます。そして、種子を作るのです。この植物の成長から見れば、Ｂのほうが明らかに成長をしています。

成長とは、ただ「数字が増える」ということだけではありません。「質が変化する」という成長もあります。そして、生物にとっては、質が変化することのほうが、ずっと重要であることが多いのです。

しかし、ものさしで測り、数字で表すことのできる「草丈」のほうが、私たちにはずっとわかりやすく感じられます。そのため、ものさしで「草丈」を測りたくなってしまうのです。そして、草丈を伸ばすために、肥料をたくさんやってしまうのです。

肥料をたくさん与えると、草丈は伸びますが、花が咲かなくなってしまいます。植物が茎を伸ばし、葉を茂らせることに一生懸命になって、花を咲かせることを忘れてしまうのです。

そして、ついには花を咲かせることなく、枯れてしまうこともあります。

それって、「成長した」といえるのでしょうか。

◆質が変化するイネの成長

イネの成長を見てみることにしましょう。

イネは私たちの主食であるお米を実らせる植物で、田んぼで育てられます。イネの苗を田植えすると、やがて苗は茎の数を増やしていきます。これを「分《ぶん》げつ」と言います。イネは勢いよく分げつしていきますが、やがてそのスピードは衰えていきます。そして、ついには、分げつは起こらなくなってしまうのです。

それだけではありません。分げつで増えすぎた茎は次第に枯れていきます。茎の数が減ってしまうのです。イネの成長は止まってしまったのでしょうか。もうこれ以上、成長することはないのでしょうか。

そうではありません。

分げつの増加が止まると、イネは次の成長を始めます。

分げつが増えている間、イネは葉を茂らせま

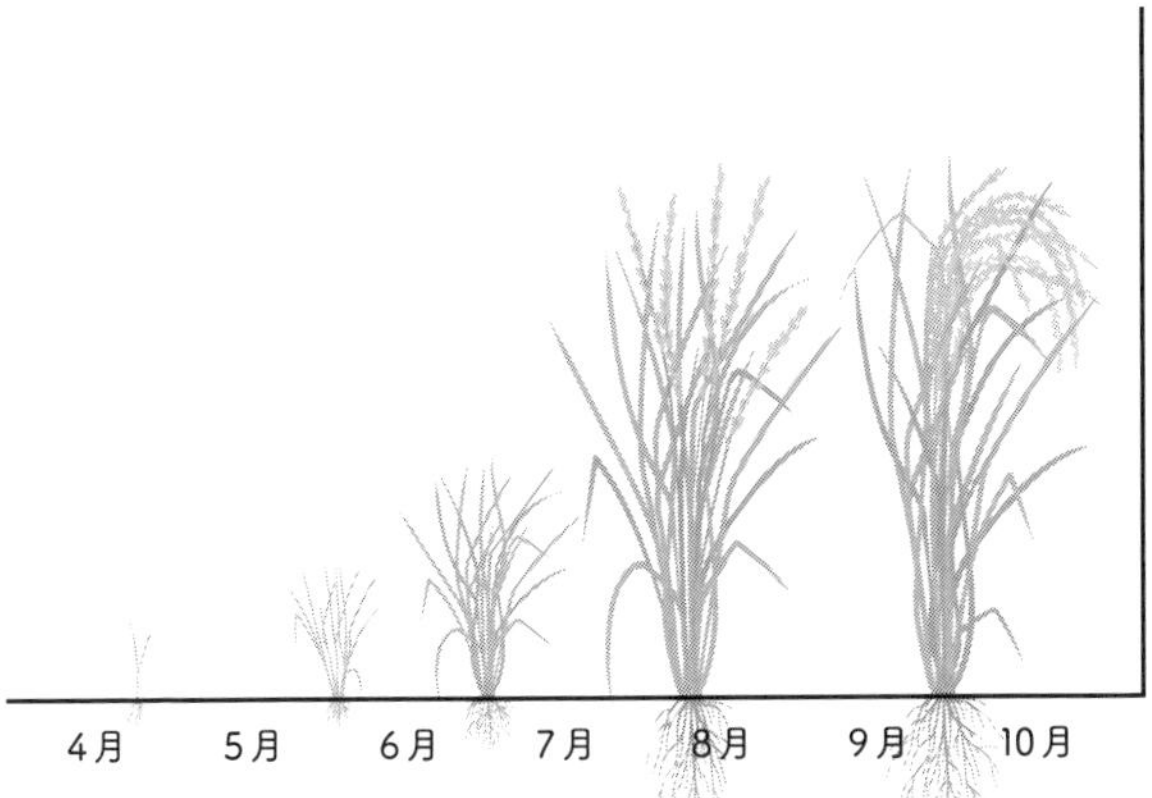

【イネの成長のイメージ】

すが、茎を伸ばすことはありません。しかし、分げつの増加が止まった後にイネは茎を伸ばすのです。これは「節間《せっかん》伸長」と呼ばれています。分げつはどちらかというと、株を大きくする横方向の伸長です。これに対して、節間伸長は縦に伸びる伸長です。こうして、イネはぐんぐんと茎を伸ばしますが、やがて茎の伸長速度も鈍くなっていきます。

イネの成長は、ついに終わってしまうのでしょうか。

そうではありません。

茎を伸ばし終わったイネは、今度は茎の先端から穂を出します。そして、花を咲かせ、米を実らせていくのです。

このようにイネの成長は、異なるステージから構成されます。

最初は分げつで横方向に伸びます。次に、節間伸長で縦方向に伸びます。茎を伸ばすときには、もう分げつは起こりません。成長のステージが変わったのです。そして最後に、穂を出して花を咲かせます。そして、米を実らせます。

この頃になると、もう分げつが増えることはなく、茎の長さが伸びることもありません。分げつを数えたり、ものさしで茎の長さを測っても、もう数字は大きくならないのです。

あなたは、穂を出した後のイネは、成長していないと考えますか。それとも、それでもイネは成長をしているのでしょうか。

いつもより高く
伸びているイネは、
もがきながら
苦しんでいる姿
だったのです。

成長するって どういうこと？

昔むかしのお話です。

ある年、イネの成長がとてもよいときがありました。いつもの年よりも、草丈の伸びがいいのです。

村の人たちは、「きっと豊作になる」と期待して、お祝いの歌まで作って喜び合いました。

しかし、秋になってみると、どうでしょう。どういうわけか、お米はほとんど実りませんでした。そして、豊作どころか、凶作になってしまったのです。

どうして、こんなことになってしまったのでしょうか。

じつは、この年は日照が少なく、気温が低い日が続いていました。冷害の兆候があったのです。そのため、イネの苗は、光を求め上へ上へと伸びていったのです。いつもよりも高く伸びているイネは、もがきながら苦しんでいる姿だったのです。

しかし、イネの苦しみは目には見えません。目に見えるのは、草丈の高さだけです。そのため、村人たちは見た目の成長だけを見て、いつもより高く育っていると喜んでしまったのです。

大切なことは何でしょうか。

大切なことは、イネの草丈ではありません。どんなに草丈を伸ばしても、お米がとれなければ、何にもならないのです。本当の成長というのは、目に見えません。しかし、村人たちは、目に見える成長だけを見ていたのです。

私たちは、そんな村人たちを笑うことができるでしょうか。

◆成長か、成熟か

イネは穂が出ると、米を実らせていきます。茎や葉は黄色く枯れあがっていきます。もうイネは大きくなることはありません。イネは枯れていくのです。

それでは、もっともっとイネを大きく育てることはできないのでしょうか。もっともっと肥料をたくさん与えれば、イネは葉や茎を茂らせようとします。肥料を与えすぎた田んぼでは、秋になってもイネは緑色のままです。枯れあがることなく、葉を茂らせています。

しかし、それでよいのでしょうか。

どんなに葉を茂らせても、どんなに緑を濃くしても、それで終わってよいのでしょうか。それが、イネにとって幸せな姿なのでしょうか。

「成熟」という言葉があります。

枯れあがっていくイネは、もう葉を茂らせることはありません。しかし、米を実らせ、稲穂を垂らしていきます。この姿は、「成長」ではないのでしょうか。

一方、「未熟」という言葉もあります。

葉を茂らせて、伸びていこうとするイネは、どんなに体を大きくしても、それは「未熟」です。成長していないのです。

成長とは、体を大きくすることばかりではありません。成長にはステージがあり、植物は次のステージ、次のステージへと進んでいきます。やがて分げつの増加は止まり、やがて茎の伸長も止まり、やがて枯れていく。これが成熟なのです。

イネは最後には、成熟します。だからこそ、秋に黄金色に色づいた田んぼは、美しいのです。

イネや人の成長だけではありません。

経済や社会も成長するものと言われます。

成長を数字で表すことに一生懸命で、数字が右肩上がりに伸びていくことを、人々は喜びます。そして、いつまでも、この成長が続くようにと願います。成長し続けようともがき続けます。

しかし、本当にそれでよいのでしょうか。生物の世界を見渡せば、生物は成熟することを目指して、成長しています。そして、本当に美しいのは、成熟した姿なのです。

第5章

成長する力は、どこにある？

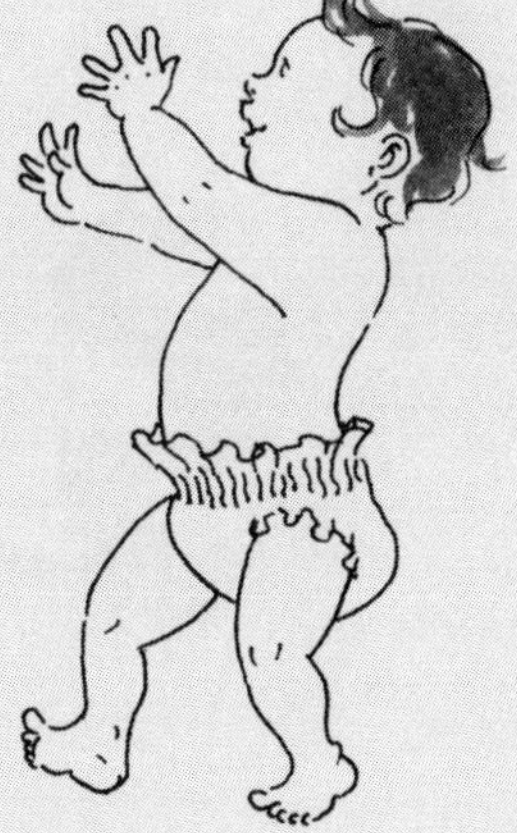

「人は成長しなければならない！」って、本当？

脳は、
しばしば判断を
間違えるという
欠点を持っているのです。

植物の種をまいて水をやれば、やがて芽が出てきます。

植物の芽に水をやれば、やがて植物はどんどん大きく成長していきます。

「水」には、植物を成長させるためのヒミツがあるのでしょうか。

植物が育つためには水が必要ですが、成長させる力そのものが水にあるわけではありません。植物は、自分自身が育つ力を持っています。そして、自分の力で成長をしていくのです。

「頑張って芽を出そう」とか、「頑張って成長しよう」と思っているわけではありません。

それでも、植物は伸びていきます。

「成長」とは、そういうものです。

生物は、もともと「成長する力」を持っているのです。

◆勝手に成長してしまう

植物には「頑張ろう」と考える脳がないじゃないか、と思うかも知れません。

それでは、知能の発達した私たち人間はどうでしょうか。

生まれたばかりの赤ちゃんは、最初のうちは寝たままですが、首がすわってくると、やがて寝返りを打つようになります。誰かから、「そろそろ寝返りしなさい」と言われているわけではありません。誰に言われなくても、赤ちゃんは寝返りしようとするのです。

一生懸命、寝返りを打とうとする赤ちゃんを見て、大人たちは「頑張れ、頑張れ」と声をかけます。しかし、赤ちゃんは頑張っているわけではありません。寝返りを打ちたいから寝返りをします。寝返りをせずにはいられないのです。

やがて、赤ちゃんはハイハイを始めます。誰に命令されたわけでもありません。ハイハイをしたくなるのです。

ハイハイができるようになると、今度は、支えを持って立ち上がる「つかまり立ち」に挑戦を始めます。

つかまり立ちができるようになると、次はヨチヨチ歩きに挑戦します。しかし、ここでも赤ちゃんは頑張っているわけではありません。ヨチヨチ歩きをしなければいけない、と決意しているわけでもありません。ただ、ヨチヨチ歩きしたくなるのです。そして、ヨチヨチ歩きができるようになるのです。

時期が来れば、やりたくなる。時期が来ればできるようになる。それが「成長」です。成長することに、頑張ることは必要ないのです。

◆大人だって成長したい

成長は頑張ってするものではありません。自然と成長するものです。生物は「成長する力」を持っているのです。

子どもたちは体が大きくなったり、乳歯から永久歯に生え替わったり、大人らしい体の仕組みになったり、と目に見えて成長します。

大人になると、もう体が大きくなることはありません。歯が生え替わることもありません。しかし、体が大きくなるばかりが成長ではありません。

イネは分げつを増やすという成長の後に、茎を伸ばす成長をしました。そして、茎が伸びた後は米を実らせるという成長をしたのです。成長の形は変わっても、米を実らせ終わるまで、イネは成長し続けます。

人間の大人だって同じです。

大人になっても、できなくて悔しい気持ちになることがあります。他人と比べて悲しくなることもあります。自分のことを嫌だと思うこともあるでしょう。しかし、それは成長したいと思っている証拠です。大人になっても「成長する力」を持っているということなのです。

ただし、人間は脳が発達した生物なので、何でも脳で考えてしまうという欠点がありま す。そして、その脳は、しばしば判断を間違えるという欠点を持っているのです。特に、人間の大人は脳に頼りすぎる傾向にあります。

イネは、分げつを増やしているときには、茎は伸びません。どうして茎が伸びないんだと考えても、伸びないものは伸びません。しかし、時期がくれば茎は伸びます。成長とはそういうものです。

自分の「成長する力」を見つめ、「成長したい」という声に耳を傾けてみるとよいかも知れません。心の底から楽しいと思える「好奇心」や、心の底からやってみたいと思える「挑戦心」や「向上心」があったとしたら、それこそが、今の成長ステージで発揮される、成長する力なのではないでしょうか。

昔の人は、イネを作らなかった？

「瓜《うり》の蔓《つる》に茄子《なすび》はならぬ」

ということわざがあります。

◆成長の形は決まっている

生物には、成長する力があります。

そして、成長する形は決まっています。

「瓜《うり》の蔓《つる》に茄子《なすび》はならぬ」ということわざがあります。

昔は、ナスは高級な野菜でした。ウリのような安い野菜のつるに、高級なナスの実がなることはないように、平凡な親からは優秀な子は生まれない、「蛙《かえる》の子は蛙」という意味です。

「生まれつき」と言ってしまえば元も子もないと思うかも知れません。しかし残念ながら、これは事実です。どんなに頑張っても、ウリのつるにナスの実はなりません。

しかし、それの何が悪いのでしょうか。

ウリはウリとしてつるを伸ばして育てればいいのです。ウリの苗をナスの苗のように仕立てたとしたら、立派なウリの実をならせることはできません。ウリはウリとして、ウリらしく育てたほうがいいのです。

そもそもウリが劣っていて、ナスが優れていると誰が決めたのでしょう。

栽培技術が進んで、今では、ナスは安く売られています。一方、ウリはどうでしょう。ウリは高級なマスクメロンと学名が同じです。つまり、ウリはマスクメロンの仲間なのです。現代では、ウリのほうがよほど高級な野菜なのです。評価というのは、そんなものです。

ナスはナスとして育てる必要があります。ウリはウリとして育てるべきです。大切なことは、その苗が、どんな苗なのかを見極めることなのです。

◆みにくいアヒルの子

アンデルセン童話に「みにくいアヒルの子」というお話があります。

お母さんのアヒルが卵を温めていると、次々にアヒルのヒナが生まれてきました。アヒルのヒナは、黄色いかわいらしい姿をしています。ところが、きょうだいの中で一羽だけ、体が大きく、灰色のヒナが生まれました。見た目の違うみにくいアヒルの子は、みんなからいじめられます。

どこに行っても、いじめられるアヒルの子は、悲しい気持ちで一冬を過ごします。しかし、灰色のヒナが成長したその姿は、美しい白鳥だったのです。

誰もがうらやむような美しい白鳥でさえ、アヒルとして育てられれば、つらい気持ちになってしまうのです。

白鳥は白鳥として育てられて、初めて力を発揮することができるのです。

生き物には成長する力があります。そして、その成長の形は、最初から形が決まっています。大地を走り回ることのできるダチョウが、空を飛べないことを責められれば、ダメな鳥になってしまいます。水中を泳ぎ回ることのできるペンギンが、空を飛ぶ小鳥をうらやめば、悲しくつらい気持ちになってしまいます。

成長には形があります。白鳥の子は、自分が白鳥になる存在であることを見つけなければなりません。成長の形を探すことが大切なのです。

◆イネは作らない

稲を育てることを「稲作」と言います。

しかし、元「農と自然の研究所」代表の宇根豊さんは、「昔の人は『稲を作る』とは言わなかった」と指摘します。昔の人は、「米が穫れる」と言ったのだそうです。イネは人間が育てるものではありません。イネは育つものなのです。

イネは自ら育つ力を持っています。自ら根を伸ばして大地に根ざし、葉を広げて太陽の光を浴び、穂を出して、米を実らせるのです。

イネを育てるのは、人間ではありません。イネを育てるのは、太陽の光であり、水の力であり、土の力です。昔の人にとって、お米は自然の恵みでした。だから、米は「育てる」ものではなく、「とれる」ものだったのです。ところが、肥料や農薬などの技術が発達し、人間がイネの成長をコントロールできるようになると、「稲作」という言葉が使われるようになったそうです。

とはいえ、イネの成長が昔と今とで大きく変わったわけではありません。どんなにコントロールしているように思えても、人間にできることは限られています。成長しているのは、イネ自身なのです。

◆昔の人が作ったもの

稲作という言葉がなかったというのは、現代の感覚からするとなんだか不思議です。

もっとも、昔の人たちが「作る」という言葉を使わなかったわけではありません。じつは、昔の人たちにとっても「田を作る」という言葉はありました。

固い土を耕してやらなければ、イネの根は伸びることができません。田んぼに水を引かなければ、イネは育つことができません。雑草を抜いてあげなければ、イネの成長は妨げられます。

ただし、成長するのはイネ自身です。イネを育むのは、太陽や水や土です。昔の人たちはそのイネが健やかに成長できるように、その手助けをしていました。「人間ができることは、環境を整えることだけである」と、昔の人たちは、育てることの本質を知っていたのかも知れません。

それに比べて「稲作」という言葉の、どれだけ図々しいことでしょう。

そういえば、「子育て」という言葉もありました。子どもは育てるものではありません。子どもは育つものなのです。大人にできることは、子どもが育つ環境を作ってあげることだけなのかも知れません。

稲垣栄洋（いながき・ひでひろ）

1968年、静岡県生まれ。岡山大学大学院修了。農学博士。専門は雑草生態学。農林水産省、農林技術研究所等を経て、現在、静岡大学農学部教授。著書に『生き物の死にざま』（草思社）、『植物はなぜ動かないのか 弱くて強い植物のはなし』（ちくまプリマー新書）、『花は自分を誰ともくらべない 47の花が教えてくれたこと』（ヤマケイ文庫）など、多数。

生き物が大人になるまで

「成長」をめぐる生物学

2020年8月1日　第1刷発行

著　者　稲垣栄洋《いながきひでひろ》
発行者　佐藤　靖
発行所　大和《だいわ》書房
東京都文京区関口1-33-4
電話　03-3203-4511

ブックデザイン　藤塚尚子（e to kumi）
イラスト　フジマツミキ
校正　ツタヤノブコ
編集　中山淳也
カバー印刷　歩プロセス
本文印刷　信毎書籍印刷
製本所　ナショナル製本

ISBN 978-4-479-39351-1
乱丁・落丁本はお取り替えいたします。
http://www.daiwashobo.co.jp